水は知的生命体である

そこに意思がある

森 清範・増川いづみ・重富 豪

風雲舎

〈はじめに〉

水の不思議を訪ねて

重富　豪

私はダイアモンドのカッティングを生業《なりわい》としておりますが、仕事以外に、人から見ればなんでそんなことをと思われるような趣味を持っており、かれこれ二十五年ほど、そのことに没頭してまいりました。

その趣味とは、水の流れる表情を和紙に写し取ること。すなわち、私が独自に編み出した「流《りゅう》水紋《すいもん》」の制作です。

ある日のこと。私が取った流水紋の紋様がとんでもないものを写し取っていました。仁王様のような、お不動様のようなお姿が、濡れた和紙の上にくっきりと浮かんでいたのです。

水についてミクロ、マクロの見地から長い間研究にたずさわってこられた工学博士・増川いづみさんにこの流水紋をお見せしたところ、

「べつに驚くことではありません。水には意思があり、ここに現われた水神様の形をとって、あ

なたにメッセージを送り出してきたのでしょう」

と、びっくりされながらも、こう断言されたのです。

また、私の制作した流水紋を奉納させていただいた京都清水寺の森清範貫主《もりせいはんかんす》には、これに先立って次のような言葉をいただいておりました。

「水というのはまさしく、観音様の霊験あらたかなお姿であろうと、私は思っています」

私は衝撃を受けました。水の研究の権威である科学者と屈指の宗教者のお一人である清水寺の貫主とが同じ趣旨のことを述べられたのです。

増川さんはこうも言われました。

「水は、高度な知的生命体なのです」

高度な知的生命体。

この増川さんの言葉が私の脳裏に強く焼きついていまもはなれません。

これはどうしても、このお二方に、水について存分に話し合ってもらいたい——私がそこに同席させてもらえれば、これに勝る喜びはない。私はそのことをぶしつけにもお二方にお願いし、快諾していただきました。

これが、私たち三人がこの鼎談《ていだん》にたどり着いた経緯です。

一人は仏教者、一人は科学者、私は流水紋制作というアートの立場です。

それぞれ立場の違う人間が、水について話し合う――。

十九世紀末から二十世紀初頭の思想家・ルドルフ・シュタイナーは「宗教と科学と芸術は同心円上にある」と言っています。いま私たち三人は奇しくも、そのことを実証できるという幸運に恵まれたのです。

ふだん私たちがわすれている水のありがたさ、その宗教的な意味、科学的な見地から明かされる水の不思議と存在原理、アートとしての存在。現実の効能とご利益《りやく》。汲めども尽きぬ水の姿が、この鼎談からあざやかに浮かび上がってまいりました。

そして本書巻末には、とっておきのプレゼントがあります。

皆さまもよくご存じのように、森貫主は毎年末、その年を表わす象徴的な漢字ひと文字を揮毫《きごう》されることでも有名です。本書のためにとくにお願いしまして、森貫主に八筆の「書」と、その解題を書いていただきました。清雅なる書体の味わいと深い含蓄のお言葉はまさにお宝です。

それでは皆さん、水の神秘と科学、そして宗教性を、どうぞ存分にご賞味、ご堪能ください。

二〇〇九年三月吉日

（しげとみ　ごう・流水紋制作者）

カバー・本文装幀――川畑博昭
編集協力――斎藤明(同文社)

水は知的生命体である

［目次］

［第四章］◉水のこころ　森　清範　201

［第一章］◉

水は知的生命体である［鼎談］

森 清範〈清水寺貫主〉
増川いづみ〈工学博士〉
重富 豪〈流水紋制作者〉

1 流水紋に魅せられて

水に助けられた命

重富——私事ですが、実は私、小学校六年のときに水に溺《おぼ》れて、一度死んでいるのです。海の底に沈み、ゆらゆら漂っていたのを、たまたま通りかかった男の方に拾い上げられ、人工呼吸で生き返ったのです。それ以来、水に対してはものすごい恐怖心があったのですが、高校三年のときにその水によって助けられました。

まったく泳げなかった私が、あるとき水を前にして突然、「いまなら泳げる！」という自信と熱いエネルギーのようなものが内側から沸き起こり、ごく自然に裸になっていました。そして二十メートルの池を一人で泳ぎきることができたのです。とても不思議な体験でした。水というのは私にとって、死んで生き返ったところというイメージなのです。

そんなわけですから、私にとっては、水はまさしく命そのものなのです。

増川――まさに水で始まり水で終わるという生と死を、逆の時間軸で経験なさったのですね。

水はその分子集団の内部に、過去と現在の生命の記憶を保持し、未来に伝えていますから、水が重富さんの溺れた体験を記憶していて、勇気をくれたのかもしれませんね。

私も昔、アメリカの西海岸の海で、巻き波に呑まれて溺れかかったことがありますが、それでも海は大好きです。やはり何があろうと人は誰でも、いつも水と関わりたい、触れあっていたいと本能的に望んでいると思います。

重富――水が私の過去を記憶していて、私に勇気を与えてくれた――。うーん、なるほど、そういうことですか。

森――あなたが流水紋に取り組まれるようになったのも、水の見えざる意思なのかもしれませんね。

重富――お二方にそう言われますと、ますます水に対して親しみや優しさを覚えます。それと同時に、流水紋の制作に自信のようなものを感じます。

時の流れの表情を見たい

重富――私は、水の流れの紋様「流水紋」を取りつづけて二十五年になります。どうしてそんなものに興味を持ったのかというと、高校生のときに、「時は流れていく」というのはどういうことなのだろうと疑問に思ったのがきっかけです。
　高校生になって初めて、親に買ってもらった腕時計をはめたときのことです。一分間を秒針が規則正しく六十回刻むのを見て、「うん？　これが時の流れなのか」と、なぜか違和感を覚えたのです。「時が流れるって、本当はどういうことなんだろう？　時はどのように流れているんだろう」と不思議に思ったのです。
　そのとき、川が流れているように、雲が流れているように、煙が流れているように、時の流れる様子をはっきりとこの目で見たい――そう思いました。
森――ほう……。
重富――でもそのときはそう思っただけで、具体的な行動に移すことなく、気になりながらも生活に追われていました。

そして歳月が流れ、東京で仕事に就きました。ある日、通勤電車からなにげなく窓の外を眺めていて、電車がドブ川同然の石神井川を通過したとき、川に反射した太陽の光がキラッと光り、私の目に入ってきました。そのとき、瞬間的にひらめいたのです。

――もしかして、これで時の流れる表情を見ることができるかもしれない……。高校生のときに感じたあの疑問、時の流れが見えるかもしれない！

私は、会社に行くのをやめ、次の駅で降り、電車を乗り換え、家に戻りました。考えられるだけの材料、墨汁・和紙・紙ばさみ・スケッチ画板・タオル・長靴などを車に積み込み、入間川《いるまがわ》（埼玉県）に向かったのです。

ひらめいたのは、「川の流れに墨汁を流して、水の模様を紙に写し取ってみよう」という思いつきでした。

増川――そのひらめきも並ではないですね。

重富――ところが、持っていった和紙は水につけるとすぐ破れてしまいました。やっと少し写った模様はへたなマーブリング*のようでつまらな

マーブリング――水面にマーブリングインク（色のついた顔料製の水溶性インク）を垂らして絵を描く抽象絵画技法のひとつ。

いものでした。イメージしたものとはあまりにも違いました。

それでも何かできそうな予感、手ごたえのようなものが、初めてのことだったのにもかかわらず、しっかりとありました。次は違う条件の川で、違うアイデアを持って、こんな紙を使って、と思いはふくらんで、そうして回数を重ねていったのです……。

あれからもう、二十五年の歳月が過ぎました。何千枚、何万枚と取りました。でも、なかなか思いどおりにいかないものです。

森――そうでしょうなあ。

重富――流水紋を写し取るためには、まず水の流れ方が見えるようにならなければなりません。水は上から下へ一様に流れているわけではないのです。オガ屑を流してみると、エッと驚くほど、流れが変化することがわかります。

墨液《すみえき》は炭ですので非常に軽く、あっという間に流れてしまいます。また、流れの表面では風が舞っていて、薄い和紙は乱舞します。ほかにもいろんな都合の悪い条件があり、そのなかで写し取る作業を行なうのですから、九九・九九パーセントの確率で思ったような作品はできません。

失敗の連続です。

何をもって失敗とするのかというと、水の流れを読んだ私のイメージが表現されたかどうかです。イメージどおりに写っていなければ、それは失敗作です。

絵画でいうと、墨は絵筆、和紙はキャンバス、川の流れが画家です。墨も和紙も数多くの種類があり、それぞれ特徴があります。水に溶けてしまう和紙。墨を吸い込まない和紙。墨と和紙の相性を見つけるまでに三年かかりました。

和紙を凹凸のある川の流れに吸着させ、瞬間的に流れてしまう墨を捕まえる「間」を会得する。ここに到達するまでに、さらに二年の月日を要しました。

増川——清い流れほど、水も冷たくて、長い間入っていられませんから、大変な作業ですね。それに、場所決めやほんの一瞬の作業のための繊細な準備は、ご本人しかわからないご苦労ですね。ただその分、長年の水との共同作業は、とても貴重な体験ですね。

重富——なぜこんなことを長く続けているのか、自分でも不思議に思うほどですが、それは、決して同じ流水紋はできないというおもしろさ、水の変化しつづける不思議さなのでしょう。その日が終わると、すぐまた行きたくなるような魅力があるのです。

増川――アプローチの仕方は違いますが、水に魅せられた一人として、重富さんの心情はよくわかります。

水の表情を写し取る

重富――目を川の流れの位置まで低くして見ると、川の流れの様子がよく見えます。そうすると水は物理的に高いところから低いところへ流れているだけではないことがわかります。

水は飛んだり、跳ねたり、もぐったり、追い越したりして、一見、勝手気ままに流れているようです。しかし、水は水にとって一番気持ちよいように流れていることがしだいに見えてきます。

森――なるほど……。

重富――その様子を写し取るのが、流水紋の制作なのです。この場合の「様子」とは、水の流れの表情です。

気持ちよく流れている水――その表情を写し取りたい。(写真：重富豪)

いい水、いい流れ、いい表情を求めて、関東各地を車で回りました。たとえ主目的が観光であっても、車の中には必ず制作道具一式を乗せることを忘れません。

いい川の流れに出会うと、短靴から長靴に履き替え、道具一式をリュックに背負い、両手にも抱え、川の中を歩きます。歩いていると、気持ちよく流れている水と目が合います。そこで水たちと仲よく遊ぶのです。

水たちが私を同じ仲間だと思うぐらい話しかけて、百枚取って、やっと一枚、満足できるものが取れる——そんな遊びです。

こんな、一見子供の遊びにも等しいことを、世界中で、誰か私以外にやっている人がいるのだろうかと思います。

増川——誰かに教わったわけではないですよね。

重富——むろん私に、師匠なぞはおりません。私一人の思いつきとアイデアで、ここまでやってきました。

何をしたかったのか、何を求めたのか？　それは前に述べたとおりです。時の流れる表情を見たかったのです。

1989年７月山梨県丹波川の源流。川幅１メートルの川の中央に、左右の小石の隙間から流れる線が美しい。そのまま写し取れないかと試みた。３時間かけ、100枚ほど取るが、成功したのはこの一枚だけ。（写真：重富豪）

川の中で流水紋を制作していて、水の意思を感じるときがあります。まったく同じ方法で作業をしているのですが、ああ、私の言うことをよく聞いてくれているなと思っていると突然、まったく姿を見せてくれなくなる。まるで水が機嫌を損ねたように感じるときがあるのです。逆に、機嫌がよくなることも、むろんあります。そんなときは、水って気まぐれだなと思いますね。

でもその気まぐれさのなかに、私たちには見えない大いなる力が働いていて、生き物やこの地球を生かしているのだと思うと、水に対しては感謝の念しか湧いてきません。

増川――そうした長い水とのお付き合いの末、ついに水が心の扉を開いてくれたのですね。

重富――これが時の流れの表情だと、やっと確信することができたのは、都合約五年間の試行錯誤を経たあとです。

それは、日本列島を覆う雲の分布図と川の三十センチ四方の流れの模様が同じであることを見つけたときでした。

これ（次ページ）がそのときの流水紋と天気図です。

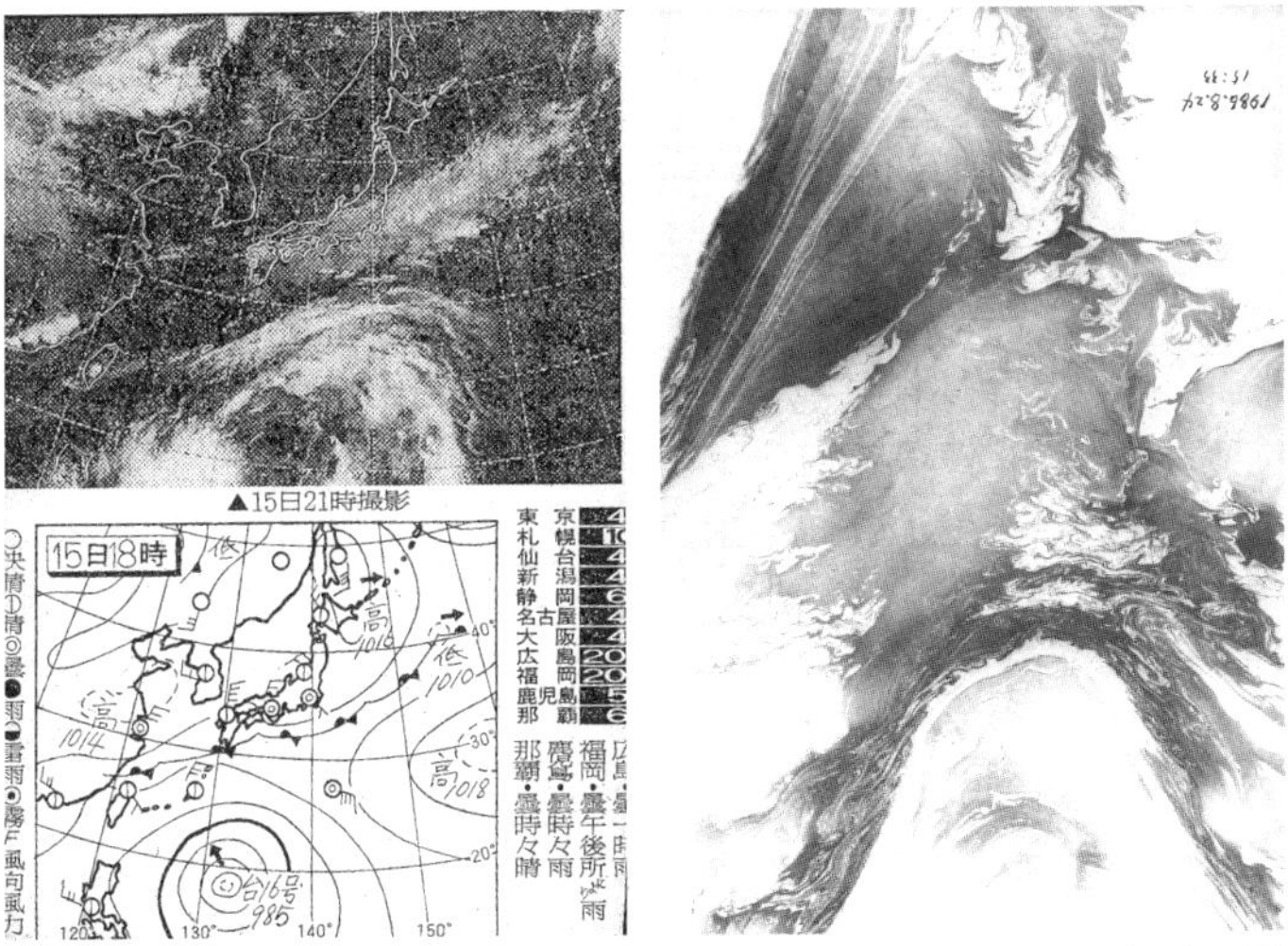

日本列島を覆う雲の流れと流水紋の模様が同じことに気がついた。(写真：重富豪)

水も地球の生き物である

重富――時の流れというのは、形の変化と生命の継承である――こう考えると、流水紋こそが時の流れの表情だろうという考えに行き着きました。

　なぜなら、流水紋こそ自然のつくり出す地形や水やその流れ――これらの要素がつくり出すものだからです。

　和紙の上に水が流れていった痕跡を墨が表現してくれています。その流れを指でなぞっていくと、自分が生きてきた時を振り返っているようで懐かしくなるのです。

　水は上流から流れ下りながら、川全体を俯瞰《ふかん》して、ここはこのように、あるところではあのようにと流れを変えているのです。まるでもっとも快適に暮らすには自分の家をどう整理したらいいかを考えながら流れているようです。

森――そこで確信なさったのですね。

　水は意思をもって流れているのです。

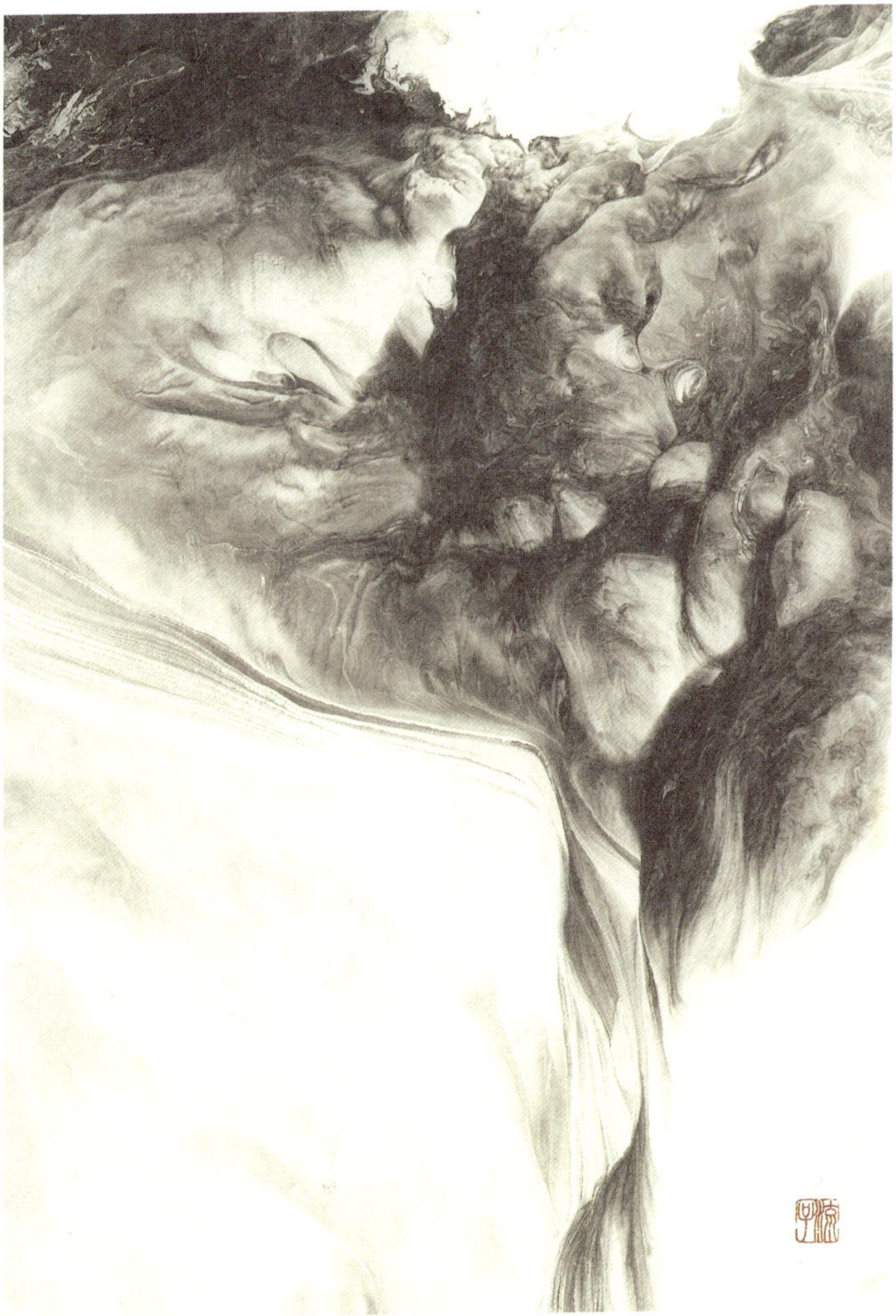

2001年２月、埼玉県飯能川に流れ込む源流。小石でせき止められた水溜り、その一角から気持ちよく流れている一筋と、それに影響されてざわめく水面、その二つを同時に写し取った。（写真：重富豪）

重富――ですから水の機嫌を損ねてはなりません。まず川の中に足を入れるとき、「お邪魔します」と声に出して言います。次に「今日も仲よくしてね」と言ってから、おもむろに作業を始めるのです。よくやることは、流れの背中を撫でてあげながら、「気持ちいいね」「きみはどこから来たの?」と聞いたりすることです。

水は約七日間をかけて天地をめぐっています。日本に降る雨は、東南アジア方面で熱せられた上昇気流によって運ばれてきます。メコン川流域の子供たちといっぱい遊んできた水たちなのです。そう考えると、その遊び相手をしながら、あらゆる生き物たちに生きる命の力を与えてきた水たちを愛しく思うのです。

森――はるばるメコン川からねえ……。

重富――はるばる日本にやってきて、陽気におしゃべりしながら高い山を一気に降りていく。日本国中の隅から隅までを豊かに潤《うるお》し、そして広く深い海へと戻っていくのです。

私は、水に話しかけることを覚え、水と仲よくすることで、流水紋をある程度、自分がイメージしたように制作することができるようになりました。

　そういう経験を積みながら、水がちゃんとした意思を持って流れていることに気づき、水はこの地球にとってかけがえのない生き物としての役割を果たしているのだと思うようになりました。

　それからは、「水」に親しみをもって、それを一個の生命体とみなすようになったのです。

増川――すごい経験則ですね。

重富――ところがある日、それまで経験したことのない、とてつもない姿の流水紋が現われてきました。ビックリしました。まるでなにか神様のような形と姿なのです。

　ふだん私は、気持ちのいい流れの表情をとりたいと、ああしてこうしてとイメージしながら流れに入るのですが、このときはどういうわけかそういう作為の気持ちがなかったのです。ごく自然に、水に逆らわずに、墨を無心に流していました。

　そうして出来上がったのが、この流水紋（次ページ）だったのです。

2005年２月埼玉県名栗川の源流。両手を広げ、大きな口で何かを叫んでいる！（写真：重富豪）

流水紋に現われた水神様

重富——いろいろあって、それを最終的に清水寺に奉納させていただいたのです。貫主さん、この流水紋に現われた水神様をご覧になってどのようにお感じでしたか。

森——はい。非常に神秘的な、しかも躍動感のあるお姿が現われておりますね。われわれ人間に対して、水の大切さを感じるよう厳しい警告を発しているようでもあり、また水に生かされているわれわれを受容しているようにも感じます。優しさと厳しさ、その両方を見てとれますね。

重富——ありがとうございます。われながら不思議に思います。とても優れた画家がある意図をもって描いたといってもいいぐらいの見事な作品を、川を流れる水たちが一瞬のうちに描いてしまったのです。

増川——あの作品には、私たちには測り知れない、水の持つ不可思議さと神秘さ、そして高度な知的生命体としての意思がはっきりと感じられますね。

しかしそれにしても、それを水に現わしてもらったことは奇跡だと思います。水というのはいつもは何も語らず、こちらからその神秘のベールを剝《は》ぐことはなかなかできないのですから。

重富――奇跡とは、自然の中に必然としてあるものがある偶然が重なり合って顕現《けんげん》するものとするなら、まさに奇跡が起きたといってもいいでしょうね。

森――重富さんがあの流水紋を取ることができたのは、おっしゃるように、なるほど奇跡かもしれませんが、何度も言いますように、観音様の化身が水であるという仏教の考えからすれば、観音様をお守りする水神様が水の中から姿を現わしても少しも不思議ではないですね。よくよく見るとどこかユーモラスでもあり、実に味わい深い作品となっています。

次に重富さんがどんな模様を写し取られるのか、大いに楽しみです。

重富――貫主さんにそう言っていただけると、大変はげみになります。

人体器官も水が育んだ相似形の一部

増川――私はアマゾンへ水の調査と、川に棲息する大変珍しいピンクイルカの保護運動のために何度も行っています。このピンクイルカはほかのイルカよりも大変賢いことがわかっていますが、人間のように指もあり、五本の骨がフィンの中に隠れています。またクビも背骨から、はっきりと分かれて、普通のイルカと違って百八十度回転するのです。川の汚染源のほとんどが日本の製紙会社の現地法人だったことがとてもショックでした。

免疫力のないアマゾンの魚や可愛いイルカたちがたくさん工場廃液で病気になったり、死に追いやられたりしていたのです。川の水は、とくに大自然の生き物にとっては命綱なのですね。

重富——ピンクイルカは絶滅寸前らしいですね。

増川——ええ、急激に数が減っていて本当に胸が痛みます。とくに二度目にアマゾンに行った際は二週間滞在していたのですが、最終日、イルカとの別れの寂しさに感傷に浸っていると、なんだか川のほうが騒がしく胸騒ぎがします。暗闇の中、月明かりを頼りに、バンガローから川へ向かって歩き出しました。すると、すぐにキューーキューーと鳴くイルカの声が聞こえ、なんと岸には毎日一緒に遊んだ二十頭以上もの可愛いイルカたちが集まり、現われた私に向かって、懇願するように、すごい勢いで鳴きはじめたのです。まるで明日帰ることがわかっているかのように、本当に悲しげな響きを感じました。私は、イルカたちの頭や首をなぜながら、「大丈夫、また帰ってくるからね」「それまで元気にしていてね」と話しかけていたのですが、突然、「行かないで！」「帰らないで、ここにいて！」という悲しげな叫びが頭の中でたしかに響いたような気がしました。私も、「必ず帰ってくるから、お願いだからもう鳴かないで！」と言葉でなく思念で伝えていました。その直後、イルカたちはいっせいに鳴き止み、時が止まったかのように静まり返りました。一カ所に集まったイルカと私との別れの儀式はしばらく続きました。その悲しげな鳴き声はいまでも思い出すたびに私の耳に蘇ってきます。

そのアマゾンで気づいたことが、川の流れの不思議です。上流では、川の流れが偶然倒れた木の枝や石などでせき止められると、どんどんまた違う流れをつくっていくのです。下流では、流れが重くなると、もっとよい流れの方向性を求めてバイパスルートをつくった無数の三角州が見られました。

アマゾンの源流では、固い土や削りにくい石があると、流れはグルッと回って、柔らかい土をキチッと探して、私たちの血液のようにクルクルとうねり回っていきます。

上空からそのアマゾンを見ると、私たちの血管や神経の構造と非常によく似たカーブを持っているのがわかります。こうしたカーブ形は、効率よく、ストレスもなく身体の末梢まで栄養や酸素、情報などを運ぶためです。森林の中に入ると、木の模様も植物のうねりもアマゾン川のようにうねっているのですね。

つまり水が形づくるものが、私たちの内臓の形であり、また耳管《じかん》構造であり、血管構造であるわけです。植物の形、貝の形、石の模様、蝶の羽の紋様など、それらのすべてに螺旋《らせん》のエネルギーの形が現われています。

重富——流水紋を見て、友人の医者が、「あれ、重富さん、これ、腸だよ」って言うのです。「腸のここが病んでいるよ」って。

増川——そうですね。人の内臓に似ていますよね。水が自然界のあらゆる物のなかに創り出す模様や形状は、人間の身体の構造にも表面にも似ています。

貝も腸とそっくりなものがあります。野菜や植物の葉の葉脈も川の流れや血管の流れのようですし、木の模様にも、私たちの内臓構造や手の指紋そっくりのものがあります。幾何学的に見ても非常におもしろいですね。

私たちの頭蓋骨《ずがいこつ》にも、おもしろいうねりがありますよ。つなぎ目の縫《ほう》合《ごう》部分にすごく細かい水模様があります。まるで川の模様のようにきれいなのですね。

森——水紋ですか。

増川——水紋のようですね。若い頭蓋骨はその縫合部分に隙間があり、やわらかいのですが、年齢を重ねるにしたがって静脈が硬くなり、柔軟性がなくなってその隙間が閉じてしまうのです。

森——つまり、いつの間にかみずみずしさがなくなっている。

2 清い水を守り伝えて

開山は延鎮上人、施主は坂上田村麻呂公

重富——まず清水寺の起こりからうかがいたいと思います。清水寺は、清い水と書きますから、当然、水が主体になっていると考えるのですが、清水寺と水との関連、名前の由来についてお教えいただけますか。観音様は「観音菩薩」の略称で、親しみを込めて観音様あるいは観音さんと呼んでいるのですね。

森——ご推察のとおり、清水寺は水が主体なのです。

なにしろ観音様の化身が水なのですから。

観音様というのは一つの宇宙の真理、「法」なのです。すなわち「ダルマ」*です。ふつう、その多くは目では見えません。人間の五感では感知できないものです。それが、人間の求めに応じてある姿として現われてきたのが三十三の観音様なのです。そうすると私たちにもそのお姿が見えるわけですが、その観音様の化身が水なのです。

達磨(だるま)——梵語「Dharma」の音訳。日本語では「法」と意訳される。規範・真理・法則・性質・教説・事物などの意味。

この音羽山清水寺は、宝亀九年（七七八）に創建されています。
奈良に子島寺《こじまでら》というお寺がありました。そこに賢心《けんしん》（延鎮上人《えんちんしょうにん》）*という
お坊さんがおられまして、この方が夢をご覧になった。木津川を遡《さかのぼ》って
いくと、金色の水源があって滝が落ちている。そこを訪ねよという霊夢
です。
賢心は子島寺から歩いていく。そしてたどり着いたのが、清水寺の音
羽の滝なんですね。そこでは金色の水が滝となって流れ落ちていた。で
すからこの水を別名、金色水《こんじきすい》ともいうのですね。これが、音羽の滝の
「縁起《えんぎ》」*です。
室町時代に描かれた「清水寺縁起絵巻」にも、金色水が出てきます。
清らかな水をたどってきたら音羽の黄金水にたどりついたという話が、
この絵巻にちゃんと描かれているのです。
重富——金色水と呼ぶのですか。
森——はい。金色水。またの名を「延命水」ともいいます。
そこには行叡居士《ぎょうえいこじ》という、きわめて行法《ぎょうほう》*にたけた仙人がいらして、賢
心はその方にお目にかかり、霊木《れいぼく》をいただくのです。賢心はその霊木か

延鎮上人——生没年不詳。平安前期の法相宗の僧。奈良の報恩大師の高弟で、七七八年（宝亀九）、京都の東山の一峰である音羽（おとわ）山に移り、清水寺の開山となる。

縁起——梵語「pratītya-samutpāda」の訳語。一般的には、良いことや悪いことの起こる前兆の意味で用いられるが、ここでは「故事来歴」の意味で使われている。神社仏閣の創建・沿革や、そこに現われる功徳利益などの伝説を指す。

行法——仏教用語。仏法を修行すること。またその方法。

金色水が流れていたとされる音羽の滝。(写真：便利堂)

ら千手観音様を彫り出し、行叡居士の旧庵に祀《まつ》りました。これが当寺の起こりです。

それが宝亀九年（七七八）で、その翌々年、坂上田村麻呂公*が、妻室の安産のためにと鹿を求めてこの山に上るのです。

重富――鹿を獲《と》りに、音羽山に上られたのですね。

森――当時は鹿の肉を食べると安産になるといわれていたのです。鹿は動物のなかでもっとも安産なのだそうですね。

ところが、坂上田村麻呂公が狩を終え、清水の源をたずねると、延鎮上人から殺生の非を懇々《こんこん》と諭《さと》され、観音信仰を勧められたのです。深く反省した彼は鹿を弔《とむら》って下山し、妻室に上人の説かれた清水の霊験、観音信仰の功徳《くどく》を語り、共に観音信仰に入ることになるわけです。

重富――坂上田村麻呂公といいますと、どうしても武人のイメージが強く、それは意外なエピソードですね。

森――そうですね。そのあと坂上田村麻呂公は、桓武《かんむ》天皇に命じられて蝦夷地《えぞち》の鎮圧に赴《おもむ》きます。いまの岩手県奥州市水沢区、あのあたりが蝦夷地と呼ばれ、蝦夷《えみし》*の一群が住んでおりました。首領がアテルイとい

坂上田村麻呂（さかのうえのたむらまろ）（七五八～八一一）――平安初期の武将。征夷大将軍。帰化人・阿知使主（あちのおみ）の子孫、苅田麻呂の子。桓武・平城・嵯峨の三代天皇に仕え、蝦夷地平定や薬子の乱の鎮定に功を立てる。京都音羽山清水寺を建立。

蝦夷――アイヌ語の「人」の意に由来し、「蝦夷（えぞ）」の古称。

清水寺の御本尊「十一面千手観音」。（写真：便利堂）

い、その盟友がモレ。坂上田村麻呂公はこの二人の英雄が率《ひき》いる蝦夷軍と対峙するわけです。

しかし、彼らは強い。田村麻呂公は、彼らと戦っても殲滅《せんめつ》することはできない、互いに疲弊《ひへい》するだけだと考え、二人に会って観音信仰を説き、和議を結ぶのです。二人を京に連れ帰って、朝廷に二人の助命を嘆願します。ところが朝議はこれを許さず、いまの大阪の枚方《ひらかた》で二人は処刑されてしまいます。それが約千二百年前のことです。

その田村麻呂公が、アテルイとモレをはじめ、戦で奪ったたくさんの命をどうしたら回向《えこう》できるのか――とお考えになられたのではないでしょうか。日ごろ手を合わせている清水寺の観音様に向かい、その人々の御霊《みたま》を一心に祈り、供養されたのでしょう。私は、そう思っています。

しかし坂上田村麻呂公のイメージは、武士社会の発展のなかで変わっていきます。非常に雄々しく、勇猛果敢な面だけが強調されていくようになります。けれども本当は、非常に篤《あつ》い観音信仰を持たれていたのです。その田村麻呂公のお参りするお寺が清水寺。そういうことで、みなさんがお参りにこられたというのが、今日まで伝承されてきたのではないでしょうか。

重富――そうですか。清水寺は、亡くなった将兵たちを鎮魂《ちんこん》する場所でもあったのですね。

五行相生説と清水寺の起こり

森――もう一つ、清水寺の開基にまつわる由縁が考えられます。これは私の想像で、正しいのかどうかわかりませんけれども……。

東西南北の四方には四つの神様がおられます。東の青龍、南の朱雀《すざく》、西の白虎、北の玄武《げんぶ》*。いわゆる「四方四神」ですね。これから古代中国の「五行相生説《ごぎょうそうせいせつ》」が出てくるのですね。

五行とは、木《き》・火《ひ》・土《つち》・金《かね》・水《みず》。これら五つの物質はいずれも、どれかの生みの母であり、同時に子であるという関係＝相生関係にあるとする考えが、「五行相生説」です。

これら五つの物質の頭文字をとって「きひつかみ」といいます。これが甲《きのえ》、乙《きのと》……の十干《じっかん》*となり、十二支*とも重なっていくのです。

「東」は、青いという徳があります。色でいえば「青」ですが、気候で

玄武――中国・漢代のころ四方に配した四神の一つで、北の神。亀と蛇を一つにした形ともいわれる。

十干――甲《きのえ》（木の兄）、乙《きのと》（木の弟）、丙《ひのえ》（火の兄）、丁《ひのと》（火の弟）、戊《つちのえ》（土の兄）、己《つちのと》（土の弟）、庚《かのえ》（金の兄）、辛《かのと》（金の弟）、壬《みずのえ》（水の兄）、癸《みずのと》（水の弟）。

十二支――中国の天文学で天を十二分した称呼。子（し）・丑（ちゅう）・寅（いん）・卯（ぼう）・辰（しん）・巳（し）・午（ご）・未（び）・申（しん）・酉（ゆう）・戌（じゅつ）・亥（がい）の総称。これらを十二の動物にあてることから、日本では、ね（鼠）・うし（牛）・とら（虎）・う（兎）・たつ（竜）・み（巳）・うま（馬）・ひつじ（羊）・さる（猿）・とり（鶏）・いぬ（犬）・い（猪）とよむ。時刻や方角などを示すのに用いられる。

いえば「春」。春には芽が出てきますから、「木」の徳がある。だから「青い龍・青龍」というのですね。
「南」は「赤い鳥・朱雀」で、これは「火」です。これで「木」と「火」。
「西」には「白い虎・白虎」がいます。そして「北」は「黒い神獣・玄武」。
その四方の真ん中に「土」を置くのですが、これは「民」です。これで
「金・水・土」。土の中から金《かね》が出る。金がなるから金のところに水滴がたまる。水があれば木が生える。木が燃えて火になる。これで「木・火・土・金・水」、「きひつかみ」という言葉になるのです。こういう具合にしてお互いに相生まれてくるというのが五行相生説です。

　大相撲の土俵もそうですよ。真ん中に土俵があります。そして東西南北すべてに房がありますね。あの房の色がそうです。東が青ですね。南は赤、西が白、北は黒色になっていますね。

　清水寺は、その東の鎮めの役を担っているのではないか、というのが私の推測です。

　東には青い龍が棲《す》んでいます。青龍はどこに棲んでいるのかというと、池です。それでここを、青い龍の寺、青龍寺とはいわずに、青いに

四方四神

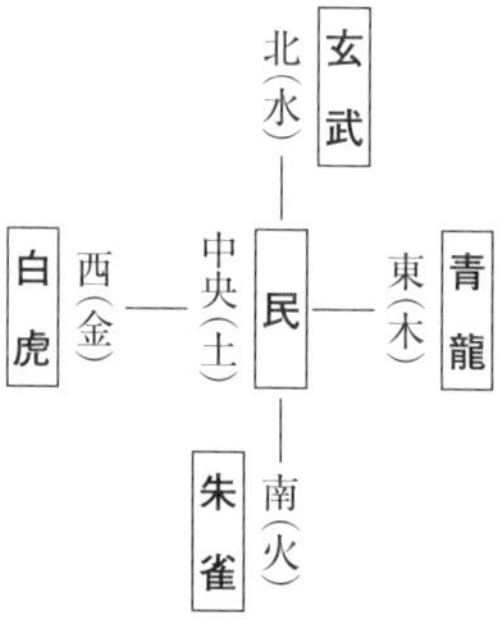

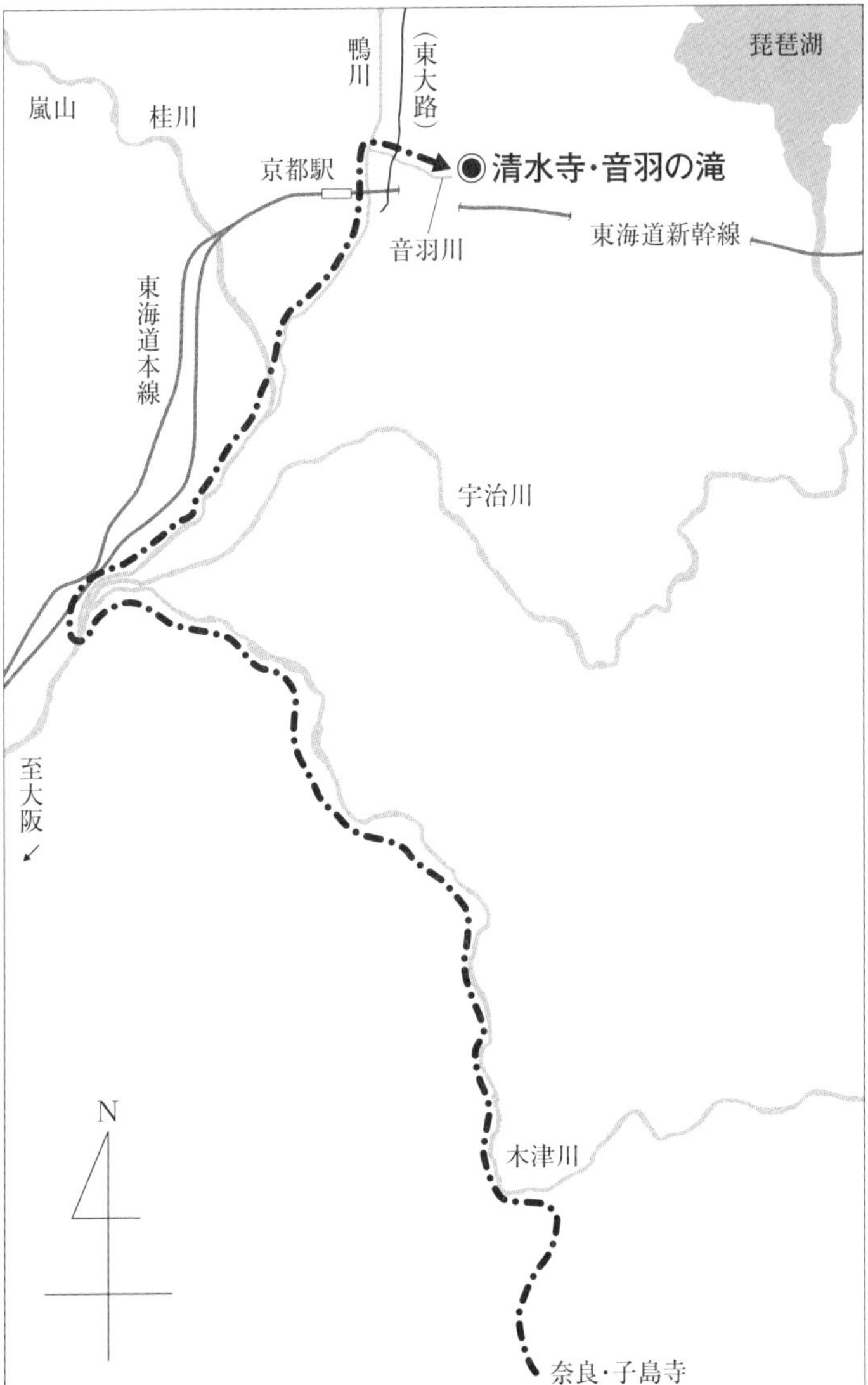

延鎮上人(賢心)がたどったと考えられるルート(太線)。

〝さんずい〟をつけて「清」、それから池は「水」ですね、それで清水寺と名づけたのです。

重富――清水寺は、京という都の鎮めの役を担っているると。なるほど、そうなのですか……。

紅葉の美しさは、水のおかげ

森――当寺の縁起の話は、とりあえずこれくらいにしておきましょう。ところでいま、ちょうど紅葉がよろしいでしょう。最高ですね。

増川――はい。すごくきれいです。

森――この紅葉の美しさも、やはり川の水のおかげなのですね。

増川――水蒸気が運搬する活力いっぱいの気を浴びて……。

森――水面から立ち上る水蒸気を浴びて、すごくきれいになるのですね。嵐山の紅葉の美しさもそれですよね。

ここはちょうど山の尾根《おね》に寺が建っているのですね。この尾根の下に二本の川が流れています。一本は音羽の滝から流れていく音羽川、もう一本はこの寺の北側を流れる轟川《とどろきがわ》。非常に水の条件がよい。それで紅葉がすばらしいのです。

増川——汚れていない清らかな水からの水蒸気が、活力のあるエネルギーと振動を周辺の植物に送るのですね。

とくに葉が赤くなるのは、凍結しやすい糖分とアミノ酸を冬に備えて放出し、アントシアンという赤い色素が産出されるからです。その化学作用に酵素が不可欠ですが、酵素は水に溶けた状態でのみ働くので、活性力の高い水が、酵素反応をより円滑にしているのです。

色に濃淡があるのは、日当たりの違いによるものですね。ちなみに葉の黄色は、クロロフィルが壊れて中に含まれるカロチノイドが出てくるからで、茶色は、フロバフェンというタンニン系の色素ができることによるものです。

このように葉の色彩変化には、酵素と水が関わっています。すべてが、命を次世代につないでいくための懸命な働きなのです。

森——山のふところから湧いて出てきた清水です。非常に水がいいのですね。

重富——そういうのがやはりご利益《りやく》となる。

森——ご利益があるんですね。

増川——いつもその清らかな水の気を吸っていらっしゃるから、貫主さまもきっと長生きされますよね。いつもエネルギーに満ち満ちて……。

森——いやいや。

増川——水の気を受けるだけではなく、浄化もしていただいているから、毎日がよいエネルギーに満ちているのでしょうね。

森——皆さま方にいまお出ししているお茶も、あの音羽の滝の水ですよ。

増川——音羽の滝の水ですか、神聖なお茶なのですね。

重富——音羽の滝は金色水。いまは金色という言葉を使わないのでピンとこないのですが、要するに黄金水ということですね。

森——そうです。黄金水です。

重富——それはとてもイメージがいいですね。

増川——それだけ価値の高い、尊い水だということを昔の方はわかっていて、大切にしたのですね。もともと東洋では子供のころから、西洋よりずっと深く、生活のなかで水に対する尊敬の念が植えつけられていましたね。水と切っても切れない農耕民族としての特性も加担していたのでしょうね。

森――そうでしょうね。宇宙を構成する五元素というものがありますね。「地」、「水」、「火」、「風《ふう》」、「空」の五つ。

これら五元素それぞれがお仏様になるのです。地は「お地蔵様」、水は「観音様」、火は「お不動様」、風は「天部《てんぶ》*」、そして「空」というのは宇宙全体。

この宇宙全体の中心にあり、宇宙そのものであるという存在、それが「大日如来《だいにちにょらい》」です。

ですから、土を拝むという場合は、土のお仏像はお地蔵様ですから、そのお地蔵様を拝むということになるのです。

増川――水が土を湿らせ、土壌菌が活性化し、ミミズやその他の虫が元気になり、その相乗作用でまた土を育《はぐく》みます。

また、土は水を吸い取り、溢《あふ》れようとする水を土塁や堤防でせき止めます。水は土に適度に流れを抑えられることで谷や川の流れを保っているのですね。でも、どちらかが強すぎるとそのバランスが壊れてしまい

天部――如来、菩薩、明王以外の諸尊を指す。とくに、千手観音の信仰者を守護する天部を二十八部衆という。

ます。水と土は持ちつ持たれつの微妙な関係にあるのですね。
お地蔵様に水をかけるのも、水が土に対して「どうぞよろしく」という意味もこめられているのでしょうね。

重富――なるほど。音羽の滝の黄金水は清水寺の観音様の化身なのですね。

森――私たちはそう考えています。

神道と仏教の融合

森――仏教というのは非常に融合的な思想なのですね。決して排他的ではありません。インドで発生した仏教が中国に伝播《でんぱ》したころは、もうすでに道教や儒教はあったのですが、それを押しのけて仏教が入ったわけではないのです。中国固有の文化、すなわち生活習慣や哲学、宗教に融け合って、根づいていったのです。
それが朝鮮半島を経て、百済《くだら》*の国から日本に仏教が伝来してきました。しかしすでにそのとき、日本には「神道」*がありました。神道のあったところに仏教が入ってきたわけです。そして神道と仏教とがそこで融

百済――朝鮮の三国時代に半島西南部にあった国。四世紀初頭〜七世紀中葉。首都は漢城(のちの熊津)。任那(みまな)の滅亡後、新羅、高句麗と抗争。日本や中国南朝と友好関係を保ち、日本に仏教その他の大陸文化を伝える。六六〇年、新羅・唐連合軍に滅ぼされた。

神道――日本固有の多神教の宗教で、「古事記」「日本書紀」などに見える神代の故事に基づいて、神を敬い、祖先を尊び、祭祀を行なうもの。中世以降は、儒仏二教や陰陽道の影響によって唱えられた神道諸流派を指す。

合するのです。

もともと仏教というのは、一口でいうと、自分とは何か、人間とは何だろうかと、自分の中に問うていく、そういう考え方なのですね。

一方で、神道とは何かといいましたら、二つの見方があると思います。一つは、大自然に神が宿るという考え方です。お日様は光と熱を持っています。そうしたお日様のエネルギーや作用、いわばその徳を、「神様」としたのですね。

大地もそうです。そこからいろんなものが生まれてくる。その徳、働きを「神」といったのです。風もそうです。水もむろんそうです。だから水の神様というのは、あちらこちらにずいぶんとありますね。私たちは農耕民族ですから、お水は欠かせないものなのです。このように神道では、大自然の中に神の存在を見出したのです。

もう一つは、「先祖崇拝」ですね。先祖が亡くなると大自然に還って神になる——これが、神道のもう一つの考え方だと思います。私たちは死んだらいったいどこへ帰るのかというと、みんな森に帰るのです。鎮《ちん》守《じゅ》の森*に帰るのですね。ですから、山は単なる山ではなく、木は単なる

鎮守の森——土地の守護神を祀る神社を取り囲む木立ち。木立ちに囲まれたその社域全体を指すこともある。

木ではないのですね。山や木そのものがご神体になるのです。

たとえば富士山は、ただ高く美しいだけでなく、まことに神々しい神様なのです。山部赤人《やまべのあかひと》*にこんな歌があります。

天地の分れし時ゆ、神さびて、
高く貴き駿河なる富士の高嶺を、
天の原振り放《さ》け見れば、渡る日の影も隠らひ、
照る月の光も見えず、白雲もい行きはばかり、
時じくそ雪は降りける、
語り継ぎ言ひ継ぎ行かむ、富士の高嶺は

なかなかの歌ですよね。

このような自然崇拝の神道思想を背景として仏教が入ってきたのです。ですから仏教も神道の考えに影響され、死んだら誰でも神様になるという考えと融合して、死んだらすべて仏様になるとしたのです。もともと仏教もそういう性格を持って入ってきたのですが、こうして日本の

山部赤人――奈良時代の万葉歌人で、三十六歌仙の一人。下級官僚として聖武天皇に仕えた宮廷歌人。叙景歌にすぐれ、柿本人麻呂とならび歌聖と称される。

中に根づいていくのです。観音様の化身が水であるという仏教の考えも、こうした流れのなかで出てきたものでしょう。

重富——清水寺じゃなくて「清水さん」と親しまれ、大衆信仰のなかで千二百年も生きてきた。水を護ってこれほど続いている寺院というのは、外国にも例がないのではないでしょうか。それはやはり水というベースがあって、日本人が一様に持っている水に対する畏敬《いけい》の念と共鳴し合ってきたからではないでしょうか。

ところで、滝のある所には必ずお不動様がありますね。こちらの音羽の滝にもお不動様がいらっしゃいます。私がいつも不思議だなと思っていたことなのですが、あれはどういう関係なのでしょうか。

森——もともと、お不動様すなわち不動明王*は大日如来がお姿を変え、行者を守護しています。ですから、行場である滝に、お不動様をお祀りする場合が多いのではないかと思います。

さらに言うと、「火」の象徴であるお不動様の火と滝の水というまったく反対の概念がそこにあるといえます。それが対になって一つになっているのです。

不動明王——五大明王・八大明王の一つで、その主尊。種々の煩悩・障害を焼き払い、悪魔を降伏させて行者を守護し、菩薩を成就させ、長寿を得させるという。日本では平安初期の密教の広まりとともに建像されるようになった。「不動尊」、「不動」ともいう。

たとえば「色即是空」*といいますね。色と空とは別物なのですが、「空即是色」とひっくり返して一つにしてしまいますね。火のように強いものばかりではなくて、やはり水というものはある、と言っているのです。

重富――水と火が一つの対になっている、ということですね。

森――はい。対になっているんですね。

増川――相反しながら一つ。紙の表と裏ですね。水は通常、火を消しますが、火の勢いが強いと、少々の水では火の勢いがより強くなることがありますね。

森――そう、相反するものですね。

増川――あたかも生と死を表わしている。陰陽も、始まりと終わりは一つです。

陰陽説でも使われている陰陽マークは、中国で「太陰大極図」、日本では「違い勾玉《まがたま》」とも言われていますが、東洋医学の基本とされたりもしていますね。黒い方が陰、白い方が陽を表わしていて、光と闇を表わしていますが、一つの円の中にどちらも存在し、互いに接触しあっているところがおもしろいですね。闇があるから光が見え、裏があるから表

色即是空――『般若心経』の中に出てくる文。物質的な存在(色)には不変のものはない(空)という意味。

がある。また陰極まったところが陽になり、陽極まったところが陰になり、何かを失うと何かを得、何かを得ると何かを失うということにも通じるようですね。陰陽が万物の根源ともいわれていますが、マークが半円ずつにきっぱりと分かれていないのは、結局区別できない何かがあり、大局的にみると、すべてが一つの中に包括されているような気がします。

濡れ手観音様のご利益は「再生」

重富——私が清水寺のなかでも、とても好きな観音様が「濡れ手観音様」です。あまり表に出てこないので残念なのですが、あれはどういう役割というか、ご利益があるのでしょう。

森——濡れ手観音様こそ、「水」に由縁をもつ観音様です。

重富——いつごろからあるのですか。

森——どうでしょう。台座には「享保元年（一七一六）十一月　地蔵講中」とありますので、約三百年前からおられることになりますかね。

重富——濡れ手観音様のご利益というのはどういうふうに考えればいい

のでしょう。皆さんどういう思いでこの観音様に水をかけていらっしゃるのですか。

森――清水《しみず》を仏さんにかけるのですが、それはお参りしている自分にかけるという意味なのですね。その仏さんに水をかけて、自分が清めてもらう。清浄になる。これが濡れ手観音様のご利益です。

重富――やはり水からきていますよね。清水さんの水から。

森――はい。音羽の滝と同じ水脈から湧いているといわれている水です。

重富――この観音さまがとってもかわいいんですよ。裏の方にあるので、なかなか人が見に行かないのが残念なのですが。

増川――お正月や休日などは、全国から大勢の方が押し寄せて混雑しますから、なかなか奥までは行けませんね。

そうですか、実は自分自身に水をかけている。――そうとは知りませんでした。

重富――私は濡れ手観音様のご利益をこう考えているのです。それは「自分を再生させる」ということではないかと。

人に与えられている大きな力、人はやり直しがきくということを、お互いに認め合っていれば、人はもっとおおらかに生きられるのでは、という気がします。

それを教えてくれるのが、濡れ手観音様なのではないでしょうか。もう一回やり直しができるんだよ、再生できるんだよ、と教えてくれる観音様のような気がして、私は大好きなんです。

森――仏教の考え方では、人間の心から、善や悪の思いが言動となって現われるとしています。しかしこれは、現われて終わりではありません。さらにこの言動はもう一度心へ記憶されていくのです。善いことも悪いことも……。

すると、人の心の中には善も悪もたまっていくわけですね。

しかし心は、善をいくらためこんでも善には染まりません。逆に悪いことをしても、悪に染まらないのです。

つまり心自体は、善悪に染まらない「無記《むき》」であるということです。白無垢《しろむく》なのですね。仮に悪行により心が染まれば、その人がいくら善行をしても善心にはなりません。染まらないからこそ、やり直しがきくの

濡れ手観音像。参拝者はひしゃくに水をくみ、濡れ手観音様の肩から水をかけて祈願する。(写真：便利堂)

です。

反対に、いくら善行をしていても、悪行をすれば一瞬にして悪人となるのです。ですから、心というのは中律的な存在なのですね。

これは、仏教の種々ある教えのなかの非常に人間らしい、人間に即した考え方だと思います。染まらないというのは、どんなときでも思い一つで、やり直しがきく、ということですね。

重富——日本人は几帳面《きちょうめん》で責任感が強い。だから行きづまるとつらい。自分の殻《から》にとじこもってしまう。大人も子供も競争に汲々《きゅうきゅう》としています。落ちこぼれなんて、本当はないはずなのに……。

そんなとき、清水さんに行って、もう一度やり直す力をもらう。よーし、これでやり直す力をもらったぞと勇んで帰る。

もうこれで終わりではない、やり直しができるんだ、と教えてくれるのが清水寺なのですね。

増川——まさに水と一緒ですね。水は命の終わりにも、新たなる再生にも関与する。

重富——ここはやっぱり水なんですね。

増川——私たちの体を通りぬけて水蒸気になっているし、それがまたいつか戻ってきます。
重富——循環するのですね。
増川——植物の体、動物の体、岩の中、土の中、どこへでも入っていってあらゆるものと同化する。
森——定まらないですね。
増川——定まらず、動きつづける。やはり水も私たちも、動きつづけるということが重要ですね。
森——人間の心は染まりませんから、勉強したからとか、これだけやったからこうなる、というのはだめなのです。
増川——とどまってしまったら、水も腐敗が始まるし、人間もそれ以上進歩しない。目的地に到達しても、やはり新たなる道を求めて動きつづけることが大事ですね。とどまることを知らない水は、とても魅力的です。
重富——それが水の力なのですね。ですから濡れ手観音様をもっと有名にしたいのです。修学旅行生たちに、企業の社長さんたちに、ぜひ知ってほしい。

森――有名ですよ。

重富――ちょっと後ろのほうに控えておられるものですから。

森――後ろでいいんですよ。

増川――お堂の裏にあって。真打ちはあくまでも陰に隠れているぐらいがいい。

森――ちょっと隠れて、奥ゆかしい。

水のごとく不滅

重富――清水寺が千二百年続いているその理由を、貫主さんはどのようにお考えですか。

森――それは、一番はじめに言いましたように、当山の大本願*である坂上田村麻呂公が手を合わせたということでしょうね。

あの田村麻呂公が手を合わせた観音様のお寺に行こうということで、京都へ来た人が宗派や宗旨に関係なくお参りにやって来る。そして、いま話してきたような水にまつわる魅力があるのでしょうね。観音様と音

大本願――大支援者(スポンサー)

羽の滝の水が一つになって、まあ、癒されるんじゃないでしょうか。

増川――ということは、仏様のなかでも観音様というのは、すべての人々を抱擁《ほうよう》するのですね。

森――そうなんです。観音様の教えは『法華経』の第二十五番目に説かれます。その題号には「観世音菩薩普門品《かんぜおんぼさつふもんぼん》」とあります。この「普門《ふもん》」とは、「門普し《もんあまねし》」という意味で、つまり門があって門がないのです。だから誰でもいらっしゃいと、受け入れられるのが観音様のスタイルなんですね。

宗教というものは、本来そういうものだと思います。私はこの神様だけを信じる、これ以外の神様は否定する――これでは神様たちは、敵同士になりますね。すると、「自分の神だけが」となって、ケンカすることになります。

増川――違う宗派の人はここへ来てはいけません、というのはないんですね。

森――それはないです。

増川――すべてを受け入れる。やはり水そのものですね。でも受け入れながら、自らを決して失うことなく……。

森――ですから、修学旅行生や観光旅行の拝観者も来られます。もちろん、信仰でお出でになる方もおられます。それも一つの入口なんですね。ですから、信者でないとだめとか、うちの宗派でなければならないということではありません。

　うちはこれだ、という特色をあえて出さないのが、「普門」という観音信仰の特色です。

増川――まさに、自らは色無く、すべてを映し出す――無色透明の水と一緒ですね。

清水寺の歴史は大衆信仰の歴史

重富――ところで、清水寺は長い歴史のなかでたびたび火災に見舞われたそうですね。

森――千二百年の歴史のなかで、清水寺は本堂を含めて大火が十数回あります。本堂が焼け落ちただけでも十回ぐらいありますが、その都度、ことごとく同じ姿形に復興しているわけです。その原動力は何かといえば、それは観音様に対する皆さま方の篤い信仰の現われにほかなりません。

増川――一人ひとりが、水分子のように集まって大きな川の流れとなり、再び命を吹き込んだのですね。多くの人の慈愛がこめられている観音様。

森――まさに再生ですね。

本堂の焼失はまぬがれたけれど、ほかの堂塔が焼けたことはずいぶんあって、十二、三回大きな火災にあっています。それも、ことごとく焼ける前と同じように復興されるという歴史があるのです。その際に、なにかお上の権威のようなものを利用したわけではないのです。まことに不思議です。

ただ最後の被災、寛永六年（一六二九）に焼け落ちたときには、時の三代将軍徳川家光公によって再建されましたが、最高権力者による復興はこのときだけで、それ以外はすべて勧進《かんじん》*再興です。みんなで広く浅く浄財を集めたのです。

勧進――堂塔などの建立のため、人々に勧め寄付を募ること。

重富――大衆信仰ですね。どのようにして集められたのでしょうか。

森――全国に勧進してまわるお坊さんがいらしたのですね。当然、自らお持ちになってくださった方もいたでしょう。観音様のお住まいの再建に用立ててくださいと、多くの人々のお心が広く集まってきたのです。そういう歴史があります。

ですから、千二百年、どうやって清水寺が続いてきたのかと問われたら、ぜひこのことを伝えていただきたいですね。

重富――すばらしいですね。まさに水そのもの、再生ですね。

増川――たくさんの人の思いが集まって、より尊いお寺になりますね。そのほうが、一人がポーンと出して下さるよりいいですよね。

森――「参詣曼陀羅《さんけいまんだら》」といわれる絵図があります。これは勧進僧が折りたたんでたずさえ、全国を行脚《あんぎゃ》したものです。

皆さん方の前に広げて、「どうです、清水寺はこんなにすばらしいところですよ、清水寺の観音さまのご利益は絶大ですよ」と説くわけです。

そうすると、そうか清水寺はこんな所なのかと、お参りに来られるんですね。参詣曼陀羅は、そういう布教活動のために使われたのです。

全国を行脚する勧進僧が布教に使った参詣曼陀羅図。（写真：便利堂）

増川——現代のプレゼンテーション・ボードみたいですね。しかも絵を使っているなんて、わかりやすくて進んでいますね。

森——後世、それを表装してしまいましたが、これには表装する前の折り目の跡が残っています。

重富——当然、何枚もあったのでしょうね。

森——あったんでしょう。だけど、現在残っているのは二枚だけです。

重富——いまでこそコピーがありますが、昔は全部、手で写したのでしょうね。

森——多分、これがオリジナルだと思います。もう一枚は、ある個人の方が所蔵されています。

増川——おもしろいですね。絵を持って布教活動に向かう。

森——布教するということは、浄財が集まるということです。この参詣曼陀羅で絵解きをしながら布教につとめたわけです。

増川——視覚と心に訴える、よい布教方法ですね。

森——室町期には参詣曼陀羅による布教が流行ったのです。それ以外の時代には、案外ないんです。それ以前も以後も。妙にこのときだけ流行ったのですね。

ですから清水寺だけじゃありませんよ。よそのお寺にもございます。この辺でいえば洛西の善峯寺《よしみねでら》とか、いろんな所に参詣曼陀羅はありますね。それらが、みな同じ性格を持っているんですね。

重富――すべて水につながっているところがすごいなと思います。

増川――曼陀羅絵図の中でも、皆さんが水を持っていますね。

森――この辺の門前では、清水の水が生活水でもあったのですね。それを汲んで、門前のお茶屋では白湯《さゆ》としてふるまっていたわけです。ですからいまの門前町は、清水の水のおかげで開けていったともいえますね。

秘仏のいわれと御開帳の意味

重富――いま、清水寺では秘仏《ひぶつ》*の御開帳《ごかいちょう》*が行なわれていますね。この秘仏の意味と、御開帳のお話を聞かせていただけませんか。

森――まず「秘仏」についてですが、秘仏というのはご存じのように、観音様がおられるお厨子《ずし》*の扉や戸帳を閉め、ふだんはお姿を秘している

秘仏――厨子(ずし)の中に安置し、ふだんは拝観できない仏像。

開帳――寺院で、一定の期間を決めて、厨子(ずし)を開き秘仏が拝観できること。

厨子――仏像や経巻などを納める仏具。つくりは一般に正面に両開きの扉をつける。

ということです。

実は、秘仏がなぜ存在するのか、私は長い間、疑問でした。それはなぜかというと、仏教発祥の地であるインドには秘仏がないということを聞いていたからです。

重富――インドには秘仏がない……。

森――中国ではごく少数の密教寺院にはあるそうですが、稀なことだそうです。仏教が伝来した奈良時代には、日本にも秘仏がなかったようです。ですから、奈良の都には秘仏がないんですね。

重富――たとえば奈良の東大寺にもないのですか?

森――はい。東大寺の本堂や法隆寺の金堂には、秘仏がないのです。興福寺にもないでしょう。薬師寺にも、もちろんありません。ですから奈良時代までは、まだ大陸の文化、すなわち仏教文化がそのままの形でいきわたっていたのです。

しかし、平安時代に入ると秘仏が形成されていきます。それは、先に少しふれたように、仏教の神道化によるのではないかと私は考えています。神道との融合の過程で、日本の「秘仏」というスタイルができてきたのではないかと想像するのです。
　どういうことかと言いますと、神様の本体は見せないでしょう、ご神体は見れませんよね。
増川――神嘗祭《かんなめ》＊でも見せないですね。
森――見せません。で、遷座＊するときも夜ですね、しかも、白布で覆って真っ暗な中で移動するのですね。かがり火だけでね。あれは、神様を見てはならないということです。だから戦前は、皆さんが頭を下げたのですよ。
増川――軽々しく見てはいけないほど、大変尊いのですね。
森――天皇陛下がお通りになるときはみんな頭を下げて、通り過ぎられてから頭を上げたのです。当時は「現人神《あらひとがみ》」ですから、見てはならないということです。
　そういう信仰と仏教が一つになって秘仏というのができてきたと思うのです。ですから、閉まっているときは、見てはならないんですね。それを何かというと、「法身仏《ほっしんぶつ》」というのですね。
重富――その法身仏というのはどういった仏なのですか。これは見えな

神嘗祭――伊勢神宮と宮中の祭礼。その年に穫れた新穀を天照大神に奉る儀式で、伊勢神宮の最も由来深い祭典とされる。全国各地の神社でも行なわれる、収穫の秋を祝う儀式。

遷座――神体、仏像、または天皇の御座所をよそへ移すこと。また、それが移ること。

いものなのでしょうか。

森――「法身仏」とは仏様の形の一つです。

仏様には三つの形があります。

これを「三身」といいます。

その三身の一つが「法身」です。これはいわば、真理そのもの、宇宙のエネルギーだと私は言っています。ですから、人の目には見えないのです。

ところが「御開帳」ということで扉を開けると、そこにその真如《しんにょ》（真理の世界）の姿がパッと現われてくるんですね。これが「報身《ほうしん》」といわれるものです。真如の法則の原理が姿として現われてきた「報いの身」。すなわち「報身仏」。これが二つ目の仏様。

その現われてきた姿を何というかというと、真如から来たので「如来」というのですね。阿弥陀如来とか大日如来とか呼ばれる仏様がそうです。大日さんは、この目では見えないですね。

三つ目は、われわれがこの苦しみからどうか救ってほしい、どうしたら助かるかを教えてほしいとお願いしたとき、それに応えられたのがお釈迦さんなのです。ですからお釈迦さんは「応身《おうしん》」、「応身仏」といいます。

つまり、法身、報身、応身の三つが、仏様の形です。

本来、仏様の姿は見えないのです。だからよそのお寺では開帳をしないところがあります。「絶対秘仏」というのがあります。それは、東京の浅草寺さんや長野の善光寺さんがそうですね。それは絶対見てはならないのです。

善光寺さんもそうですが、御開帳というのは、御前立《おまえだち》*を御開帳するのです。御前立の仏様は御開帳するけれども、その法、真如というものは見えないんですよ。ですから、ない、見えない、出さない。

先日、浅草寺の御開帳がありましたので、絶対秘仏の仏様の大きさはどれぐらいですかとお聞きしたのですが、見たことがないのでわからないということでしたね。

増川――秘仏をお守りする人たちにも見せてはいけないのですね。皆さんで、見たこともない秘仏を守りつづけているのですね。

森――浅草寺さんの縁起には、その昔、漁師が隅田川からあげた網に小さな観音様がかかり、それを祀ったというのが浅草寺の始まりと書い

御前立――秘仏を模し、閉帳中の厨子の前に安置される仏のこと。

てあります。その仏様は地中に埋めてあるのです。
ですから私のところもおそらく、本堂の須弥壇《しゅみだん》上*にあるお厨子の本尊さんは御前立であって、絶対秘仏のご本尊さんは、須弥壇の下にある土壇の中に埋まっているのではないかと推測しているのです。だからそれは絶対見てはならないし、見えないものなのですね。
それはやはり、この「真如」という仏教の世界観を表現していると思うのです。あの土の中を調査したことはないですからね、何の記録もありません。

増川――それは確信を伴った直感ですね。

森――そう、直感です。というのは、本堂の西側にもう一つお堂、朝倉堂《あさくらどう》がありますが、このお堂が火事で焼けたときに、お堂の下の土中から仏さんが出てきたのです。ですから、おそらく本堂の下にあるというのもまちがいないのではないかと。

増川――それはおもしろい……。

森――たとえば、X線で調べるということも、いまならできるでしょう。しかしそういうことは、してはならないことなのです。そういうも

須弥壇――仏像を安置する台。古代インドの須弥山をかたどった台座。

のに対する敬虔な気持ちというのが、いまは非常に希薄になってきているのではないでしょうか――なんでもこの目で見たがる……。

重富――形がないものは信用しないと。しかし、本物はなかなか形を現わさないですよね。見えないところにすごい力があって、それを信じて突きとめていく少数の人たちがいる。ノーベル賞をもらわれた方々はほとんどが、見えてないものを見えるようにされた方たちですね。信じる力はその人の中にだけあって、ほかの人には見えていませんよね。

増川――いまの科学はまさにそうですね。証明できないもの、見えないもの、聞こえないものは信用できない、それは偽物だとする。一次元的にしかものを考えない人も多く存在しています。

重富――私がびっくりしたのは、増川さんは、波動計なんていうのはあまりいいものじゃない。波動計に頼るより、直感が一番正しいとおっしゃるのです。

増川――というのは、人類が開発してきた現在までの技術で、視覚化あるいは数値化できるものは、地球を含む宇宙に存在するすべてのものの中でわずか三パーセントにも満たないとロシアの科学者たちも言っています。計測器や分析器からの数値を重要視しすぎるのは少々危険だと感じます。

ですから私は、人間が本来持っている優れた感知能力をなるべく信じたいと思っています。これからは感受性をより鋭く磨いて、見えない、聞こえない深遠な世界を感受して、世界の人々の意識がつながるということになればいいですね。そのとき、水が媒体、生命体として大きな役割を果たしてくれそうです。

森――そうですね。ですから私は、宗教は信じるというのではなく、感じる――神や仏を感じるというのが正しい、そう思っています。

「なにごとのおわしますかは知らねども かたじけなさに涙こぼるる」

とは、西行《さいぎょう》法師*の言葉です。

西行法師がそこで神様を感じているのですね。ものすごく鋭い感覚です。

重富――たとえば水の中にいる精霊を感じて川や木や岩にしめ縄をかける――そうしたすばらしい感性をわれわれは持っています。それを大切にしたいですね。

西行法師(一一一八～九〇)――平安末期～鎌倉初期の歌人・僧。俗名佐藤義清(のりきよ)。法名円位。西行は号。宮廷の警護にあたる北面の武士として仕えたが二十三歳で出家。歌作の旅を生涯つづける。歌集に、「山家集」「聞書集」など、自歌合(じかあわせ)に「御裳濯河(みもすそがわ)歌合」「宮河歌合」、歌論書に「西行談抄」がある。「新古今和歌集」には九十四首がとりあげられ、最多を占める。

3 水は知的生命体である

水は「清め」と「再生」を担う

森――京都は非常に水のいい所です。地質が砂なのです。京都の地形は扇状の坂になっていて、それで水が浸透しやすいのです。同時に雨が多い。それで非常に保水力がいいのですね。ですから京都は、ちょっと井戸を掘ると水が出てくるのです。

そのお水をもとにして京都の文化というのは発展してきたともいえますね。

増川――茶道、華道、染織、地酒、陶芸……。

森――それから京料理も、やはり水ですね。

増川――京料理は水が命、とはよく料理人の方が言われることです。水に溶け込んだミネラル分の量と配合バランスの妙、そして分子集団のサイズの違いにより、おだしの味がたしかに変わりますね。

京都にいらした料理人が東京にやって来ても、京都から水を送ってもらって料理をしているとはよく聞く話ですね。

重富――京都の町全体が琵琶湖と同じ水量の水の上に乗っかっている、という話を聞いたことがあります。

増川――なんといっても琵琶湖は四百六十本もの河川を持つ日本一の淡水湖ですからね。

琵琶湖の水量が、推定二七五億トン。京都府南部に南北三十三キロ、東西十二キロの水盆があり、その水量は琵琶湖の水量に匹敵する推定二一一億トンということですから、京都の地下水はたっぷりですね。

江戸時代、京都の錦町の市場の生鮮食品は、その地下水を冷蔵庫代わりにして貯蔵されたと聞いています。

森――音羽の滝から流れ出ている水は、その地下水なのです。『清水寺史』を見ると、すごい水量であることがわかります。

寺史を編む際、地質学者に調べていただいたら、やはりそうだということなのですね。降った雨水が約一千メートルぐらいの深さの所に浸透して伏流水《ふくりゅうすい》となり、多分それが、東山という断層の多いところから浸み出て、そして沸き上がっているのが音羽の滝であろうと。その地質学者が言っておりました。

重富――なるほど。水は、清水寺の大きなセールスポイントの一つですね。ぜひ日本の水・清水さんの水の心を伝えていきたいですね。

貫主さんが先ほどおっしゃられたとおり、日本は農耕民族ですから、お米の文化ですすよね。お米を育てるには水が必須。ですから、日本人と水は切っても切れない関係にありますね。

日常的にも、産湯の「水」、「末期の水」、あるいは「水子」など、よく「水」という言葉が使われますが、その際の「水」というのは、どういう意味で使われているのでしょうか。

森――水は、宗教的にいうと「清め」、あるいは「再生」ですね。清めは「清浄《しょうじょう》」ともいいます。「清」という字はさんずい偏に青いでしょう。これも水です。「浄」というのも、さんずい偏に争うという字ですね。ですから、きれいにすること、力をつけることで「六根清浄《ろっこんしょうじょう》」*。水で清めるということです。

仏教儀式や神道の儀式に水は切っても切れないものです。禊《みそぎ》にも、水。ですから水には、「再び力をつける」――そういう意味も託しているの

六根清浄――六根とは六つの認識器官。「眼根・耳根・鼻根・舌根・身根・意根」のことで、この六根の汚れを払って、清らかになること。またはそうなった境地。

です。

重富――「水子」の水は、どういう意味があるのでしょうか。

森――子供さんが亡くなってもういっぺん再生する、という意味です。仏縁があって、もう一度この世に生まれてきてほしいと。

重富――流れるから、水といっているのではないのですね。

森――流れるからではありません。相撲では「水入り」といいますね。あまり長い時間とっていると、行司がそこで一呼吸を入れさせるのですね。

増川――一度流れを、気を変えるんですね。場の気を変える。

森――はい、そうでしょうね。あれがやり直しだったら、もう一回、仕切ってもいいんですね。ところが仕切り直しをせず、止めたときと同じ形のまま、行司が気合いを入れますでしょう。

増川――うどんやおそばをゆでるときに差し水をするのも、沸騰した湯に生きた水を差し、その水の刺激で新たにお湯に刺激を与えて喝を入れているのですね。

重富――そうなのですか。では、「末期の水」も同じような意味合いなのでしょうか。

森――末期の水もそうですね。「往生」ということでしょう。「往生」とは、「往って生まれる」ということですから。極楽往生*を願って「末期の水」を口に含ませるのです。ですから水は、われわれ人間の生活にとても縁が深いものなのですね。

水はすべての「結合」に関与している

重富――増川さんは、「水には意思がある」とおっしゃいます。それもやはり、再生しようとする意思があるという意味なのでしょうか。

増川――はい。生命の再生と死滅、そして育みと破壊、その両方に水は深く関与しているのではないでしょうか。

受け入れ、そして与える。

自然界のあらゆる物の媒体となり、陰陽の繰り返しで常にバランスを保とうとする。常に全体の一部であり、また全体であろうとする。

総合的に見ると、結局、中立を保っていこうとしているような気がしますね。

極楽往生――極楽浄土に生まれること。正しくは「往生極楽」という。死への苦しみもなく、安楽に臨終を迎え、極楽へ向かうことをいう。

森――それが水というものの本質……なるほど。

重富――科学者である増川さんが「水に意思がある」とおっしゃる。科学者がそういう言葉を使うのかなと、非常に興味をそそられますね。

増川――水に意思や意識が存在していることは、たしかだと思います。

まず第一に、球体をつくりたがる。これが一番顕著な水の性質です。水滴もそうですが、水分たっぷりの果物、ぶどう、みかん、りんご、梨など、みな丸いですね。完全球でないのは地球上に引力が存在しているからで、宇宙飛行中の無重力の船内では、水が美しい球体で浮いている実験をしていましたね。

二つ目は、曲がりたがる。活力が増すとうねり、また螺旋運動をしたがる。川の流れも、人間の手が加えられていない活力のある上流では蛇《だ》行《こう》しています。

三つ目は、命を育む、または構成化する。

水がなければどんなものも形にはなりません。たとえば岩石一つとってもそうです。岩石を構成するすべての元素を集めても、水がなければ岩石という形にはなりません。水によってはじめて結晶化され形づくられていくのです。

原子の結合に一番深く関わっているのも、水と遺伝子情報なのです。水がすべての結合に関与している証拠に、水分量が一〇パーセント減っただけで、人も植物もいとも簡単に生命への影響が出てしまいます。乾燥してしまったら、結合力が壊れ、バラバラになってしまうのです。

構造化作用・構成化作用を保っているのは水なのですね。運搬作用もそうです。たとえば水晶がだんだん結晶体になるときにも、それに必要なケイ素や微量ミネラル、たんぱく体を集めてきて、きれいに結晶構造をつくっていきます。

重富——球体をつくりたがる。曲がろうとする。そして、命を構成化する。——これが、水の「三大意思」なのですね。

増川——はい。私たちの身体の中の水分は、細胞から発せられる超微弱な磁気によってつくられたリキッドクリスタルという液晶構造*から成っています。細胞水が構造化されてきれいな形になるのです。球体にもっとも近いサッカーボール状になるのが理想なのですが、この液晶がきれいであればあるほど、水の持つ「メモリー能力」や「伝達能力と運搬能

液晶——液晶とは液体と結晶との中間状態にある物質のことで、その構造のこと。

力」が円滑に営まれるのです。

あらゆる細胞、皮膚、神経、骨細胞の一つ一つにも、水分はたっぷりと含まれていて、この能力が生かされています。

重富——水が自ら球体をつくるのは、そうしたわけだったのですか。でも現代社会では、水のそうした本来の意思が働きにくくなっているのではないですか？

増川——そうなんです。現代社会では、家電、とくに携帯電話や送電線、各種アンテナからの電磁波によって、生きものの重要な生命活動が乱されています。人間の臓器のなかでも、水分を多く保持し、とりわけ電気活動が盛んな脳や肝臓、心臓などが大きな影響をうけています。

また電磁波の光刺激に敏感な松果体《しょうかたい》*が活動を乱され、生命維持にとって重要なホルモン分泌が著しく抑制されています。

たとえば、睡眠を担い、人間らしさをコントロールするメラトニンや、神経伝達物質であるセロトニンなど、人間の情動に大きな作用をもたらすホルモンの分泌が不足して、情緒不安定やストレスから臓器の働きの不具合を引き起こしてしまいます。

松果体——脳の中央にある小さな内分泌器。松果腺あるいは上生体とも呼ばれる。二つの大脳半球の間に位置し、二つの視床体が結合する溝にはさみ込まれている。

森――なるほど。いま意思とおっしゃいましたが、われわれ仏教のほうではそれを、すべてのものに神仏が宿ると言っていますね。

増川――その宿るということが、「意識」や「周波数」と同じという感じですね。

森――全宇宙のエネルギーが命という形で水の中に宿る。その命を別の言葉では、「仏」といったり、「神」といったりする――私はそう考えているのです。

増川――私は、長い間水の研究をやってきた経験から、水そのものが命と直結していると感じています。また命の一部でありながら、命全体であり、宇宙とその人間の意識全体をつなげてくれている媒体であり、非常に不可思議で、まだまだ神秘的です。

いろいろな分子をナノ*やピコ*のレベルでいくら調べてみても、まだまだなにもわかっていない状態といってもいいと思います。

たとえば岩を、高性能の脱水装置にかけてその水分を取ると、砂のようになります。おもしろいですね。水分を取っていくと、だいたいの物が壊れていくんですね。堅牢《けんろう》な墓石も時がたつと少しずつもろくなっ

ナノ――(フランス語nano)メートル法で、基本単位の上に付けて十億分の一を表わす言葉。記号n。

ピコ――(フランス語pico)メートル法で、基本単位の上に付けて一兆分の一を表わす言葉。記号p。

て、最後は粉々に細かくなります。ある限界点で、結合力が急になくなるのです。結合力も命をつなぐエネルギーなのですね。

重富——なるほど、おもしろいですね。私は直感的に、水は人間の意識全体をつないでいる媒体のような働きをしているのではないかと思っていました。

たとえば、遠く離れている人に思いを馳《は》せ、あの人どうしているのかなと思っていると、その人から電話がかかってきたりする。そういうことは誰にでもあることだと思うのですが、その意識したことが、空気中の無数につながっている水を伝わって瞬時に行き来するのではないか。水は意識や思いさえも伝えてくれる通信機なのではないかと。

増川——思いは千里、万里を走るという言葉がありますが、仏前などに水を添えるのは、コップの中の水が故人に思いを伝えてくれるのだと、その昔、祖母が言っていました。科学的にも、水が言葉の振動を記憶し、空気中の水蒸気と瞬時に共振共鳴して、はるか宇宙の果てまで伝える可能性は非常に高いと思います。

重富——お供えの水には、そうした意味があったのですね。

増川——そうですね。しかしそれは同時に、化学汚染された水の波が水蒸気を伝わって遠くの空まで電気的に汚染する可能性が高いことも意味します。

木も、紙も、布も、皮製品でさえも、最後はボロボロになっていきますね。あれは、水分子の結合能力が切れたときなのです。なんでも最後には、その水分がなくなるだけではなくて、結合しようという意識が切れて朽ちていくのです。

水分が取られるだけでなくて、やはり水そのものの意思が、「もうやめよう」「もうここに宿るのをやめよう」と、まるで私たちの肉体から魂が抜けるときがきたかのように、突然、結合という営みを止めて朽ちはじめるのです。

重富——一般的に「水は命」というのは、概念的にはわかっています。私もなんとなくわかっている気でいました。いま増川さんの話を聞いて、あ、そういうことが命なんだ、とはっきりしました。

みずみずしい細胞とは

増川――ですから、水分をたくさん保持できて、またその水分を一箇所にとどめることなく潤滑に移動できる細胞ほど若いのです。いつも細胞内液はフレッシュでないといけないのです。これは年齢に関係ありません。その人の健康維持能力ですね。

水分を保持できなくなって、ちょっと水を飲むとむくんでくるようになったら、細胞内の液晶構成能力が低くなっているということです。赤ちゃんがみずみずしいのは、細胞内の水の液晶構造がきれいで、また細胞自身の水分の保持能力が高いからです。

また、細胞内液を球体につくることができる細胞のほうが、栄養分などの運搬能力や情報伝達能力も、より高いのです。より丸いほうが、細胞間の移動も楽なのです。

反対に細胞水も細胞もつぶれた形になると、細胞の中での化学作用も物質移動もしにくくなるので、情報も伝達しにくくなるのです。

細胞が適度にふっくらとしているということは、あらゆる神経の活動も円滑に行なわれているので、やはり気持ちもふっくらします。ふっくらしている細胞のほうが、変形してしまった細胞よりも活動能力が高いのです。

重富——細胞がふっくらしていると、心もふっくらする……。

増川——水も同じで、よく動いて、よくうねっているほうが清らかな状態を保てます。動きが止まったら、腐りはじめます。湧水も採取したばかりのときは非常に振動数が高くて、液晶構造がしっかりしています。それが一秒、二秒、一分、二分と時間がたつにつれ、構造がフラットになり、分子集団も徐々に大きくなっていくのです。光学顕微鏡で見ると、その差がはっきりわかります。

動かなくなるとバクテリアも増えるし、ミネラルの粒子が拡大してきます。ミネラルの粒子が拡大すると、その粒子の間にどんどん汚れがたまってくるので、バクテリアも取れにくくなるのですね。そうして水の腐敗が始まるのです。ドロドロに汚れた川やヘドロが埋積した海岸などがその典型です。

身体の細胞水もまったく一緒で、水は気とともに流れるので、きれいに気が流れて気脈がしっかりしていないと、体液が滞りがちになってしまいます。体内の細胞水が動きにくくなって、情報伝達能力も栄養の運搬能力も悪くなるから、解毒や老廃物排出能力も落ちてしまうのです。

重富——私も子供のころは川遊びをしましたが、オシッコしても五メートル流れればきれいになるんだよと……。だからオシッコをした五メートル先で、平気で水を飲んでいました。

増川——水の分子というのはすごくおもしろいんです。ほかの分子と違って、遊離したり結合したりする速さがとんでもなく速いのです。一秒間に何百回と遊離結合を繰り返して、また正確に結合していく。

H_2Oという分子は、本当は単体では存在しないのです。実際にはH_2Oの中にプロテインや様々なミネラルが溶け込んできたり、余分な酸素、炭素、水素もどんどん結合していくのです。本当は、一瞬一瞬、分子結合が違うのが、水なのですね

重富——水は自分で自分を浄化する作用があるのですか。

増川——もちろん、自他共に浄化する能力を持っています。水の分子は遊離作用が高いのです。水分子は離れるときに、汚れも離すのです。そ

れが水素の特徴で、水素というのは、ついたり離れたり運動性が非常に高い。ほかの原子はどれも、一度くっついたらなかなか離れない、融通がきかない。

水だけが遊離結合が素早くて、なおかつ、どんな細胞のどんな原子とも相性がいいのです。とくに水素原子はそうです。もともと宇宙にある元素の七割は水素です。水素原子は非常にすばらしい特徴をもった原子の王子様というわけです。

森——そうすると、先ほど私が言いました水の再生力や清める作用というのは、科学的にいうとそういうことなのですね。

増川——遊離結合ですね。もう水なしには浄化はできないと思いますね。洗うという作業、溶かすという作業も水なしではできませんね。

森——「洗う」というのは「新た」にするという意味なのです。

増川——新たな……。

そうなのですね。H_2Oは、一度遊離してまた結合するときにはもう全然違う水なのです。違う分子がついているのです。違うHと違うOがくっついて水になる。一瞬として同じ分子の結合はないのです。常に新たな分子結合が繰り返されています。

重富――水素は原子の王子様ですか。いいですね、もてもてなのですね。

森――私は父親から、「三尺流れて水清し」と教わりましたよ。

増川――昔は、工場や家庭でいまほど洗浄剤や各種処理剤などに化学物質が使われていなかったので、川の汚染も少なくてよかったのですね。ところがいまでは、家庭用でさえ、あらゆる種類の洗剤に化学物質が使われていますね。

ですからいまは、一度汚染されたら、目に見える汚れは取れても、目に見えないもっとも危険な化学物質の除去は困難です。薬品そのものも危ないですし、その電気的な化学物質の汚れは、通常の方法では取れないですね。一万倍に薄めても、ホメオパシー*の原理からも、その電気的な汚れは必ず残っているのです。

森――そうなのですか。どうしてもなくならない汚れというのはありますからね。多分原子力なんかそうですね。

増川――放射能による汚染はそんな簡単には取れません。取ろうと思ったら、非常に高度な処理方法を使うしかないのです。特

ホメオパシー――一つは「同種療法」の意味で、ある病症と同じ症状を起こす薬を用いて病気を治す治療法。たとえば下痢に下剤を処方したりすること。ここでのもう一つの意味は、植物エキスをうすめて希釈しても、その効果が残るばかりか、ある一定の希釈倍数でその効果が強まることさえある、という原理のこと。

殊反応炉を使って原子転換するとか、圧力を加えて螺旋運動で回すとか、そうした物理的な負荷を加えないと、なかなか浄化できませんね。今後は汚染された電気的エネルギーの除去が、最大のポイントですね。

森――もう一つ水にまつわることわざで、「水は方円の器にしたがう」というものがありますね。

増川――そうですね。水は柔軟で、すべての形に自分を合わせられます。でも一方で、岩をも砕く力もあります。合わせるだけではなく、硬い岩石を砕くという、相反する特性の妙ですね。

命を育むと思えば、おもしろいことに、魔性の命も育むのです。たとえば、動かない水は悪性菌を増やすこともします。それは生命体の破壊にもつながります。ですから、育む、そして崩壊にも導く、死滅に追いやる。

水は、優しいけれど、厳しい。非常におもしろいですね。優しさと厳しさ、観音様の顔と閻魔《えんま》様の顔を、相合わせて持っているのです。

水を敬う心

森——それだからこそ、水を大切にし、敬《うやま》わないといけないのですね。こちら側の心の持ちようで、水はいかようにも変わります。

増川——それはすごく大事なことだと思います。私たちが水に対してすることは、すべて私たちに返ってきます。敬意を持って水とともに生きる姿勢が、これからより一層問われると思います。いつも蛇口をひねれば水が出てくる——まず、これがいけませんね。

昔はわざわざ遠い所まで水汲みに行き、一所懸命になって運び込んで、手作りでつくった水壺に入れていました。インカやアステカの人々は二酸化珪素の多い黒曜石の壺を水用につくっていたし、ギリシアでは水は崇《あが》められ、もっとも重要な元素とされています。古代中国でも水はヒスイの壺に入れて大切にされ、またアフリカの呪術師は、昔から水晶の壺に水を入れて使用していました。重い荷を背負って運んできた水だからこそ、大切に使っていたのですね。

重富——私は中学校のころに天秤棒で担いでもらい水をしていた経験が

あります。井戸のある家から自分の家まで三〇〇メートルくらい。肩が痛くて痛くてたまらなかった。水がめをいっぱいにするためには五〜六回運ばなければなりません。それでも、一家五人が使うと、五日しかもたないのです。

増川――そうなると、水を大事に使いますよね。遊園地の砂場などで、使っていないのに、ジャージャー水を出しっぱなしにしている子供がいますね。産業用水などは、無駄使いの最たるものではないでしょうか。危険な薬品を使っているからこそ余分に水を使う必要性が出ているという悪循環――。

水を、ただの水や物のように扱っているから罰が当たっている。水に対する敬いを現代人は忘れてしまっていますよね。

森――われわれの世界には、「滴水《てきすい》」、一滴の水という名の和尚がおられましたよ。

増川――一滴の水も敬わないといけない。

森――最近、消防学校の校長先生と対談しまして、火伏せ*の神様というのは、火を伏せるということではなくて、火を崇めるという気持ちか

火伏せ(ひぶせ)――火災を防ぐこと。火よけ。

ら火を大切にするということの表われだとお聞きしました。それは、われわれが水は命だと思うことと一緒ですね。

重富――その大切にするという言葉で、「お蔭さんで」という言葉がありますよね。

自然にあるものから知らず知らずに恩恵をいただいている。そのことを感じて、感謝の気持ちを伝える言葉ですね。そういうものが自分の周りにあふれていますよね。

増川――簡単に手に入りすぎるから、おかしくなってしまったのですね。

森――そう。「湯水の如く」といいますが、外国へ行くと水のありがたさがわかるそうですね。

重富――それはもう、わかりますね。とくに発展途上の国に行きますと、切実たるものがありますね。

森――「参詣曼陀羅」を見ますと、清水寺の水がいかに信仰と庶民生活のなかにきっちり根づいていたかがわかります。音羽の滝の水を、このように人の手で汲んでいたのです。

重富――ありがたいお水だったのですね。

増川――インドで、袈裟を着た僧侶があまりきれいとはいえない川で、水をすくって愛おしい人に接吻するように飲んでいる姿を見たときに、彼らは本当に水と密接につながっているのだと思い、とても感動しました。

森――仏様に供《く》する水を「閼伽水《あかすい》」といいます。われわれはその水を、穀雨《こくう》*に等しいありがたいもの、という気持ちで仏さんにあげております。

水は、この大空を支えている大日如来のような大きな徳を持っている。水には観音さまのお姿が映る。水には仏が宿る、命が宿る――そういう気持ちで仏さんに水をあげますね。

しかし、物質文明が発達しているいまは、物に命が存在するというふうには考えないですね。ですから、水を使い捨てにしても、別に罪悪感は感じていないようですね。

増川――お皿を洗うときや、シャワーを浴びるときなどでも、知らず知らず大量に使っていますよね。

穀雨――穀物をうるおす春雨の意味。二十四気(中国の季節区分)の一つで、「清明」の次に来る季節。春の季節の最後にあたる、四月二十一日前後の頃。

森――「勿体ない」あるいは「お蔭さまで」という心。自然の大きな働きの下で、われわれはこうしてここにいると自覚すること。そういう自然の働きに対する敬虔な気持ちがなかったら、それはだんだんとマイナスの方向に行くんじゃないかと思いますよ。

それはすべてにわたっていえると思いますね。戦後教育のなかで、あらゆるところでそういった宗教性や倫理性、道徳性といったものが除かれてしまいました。商業の世界でも、「物のお蔭」ということが省かれていますから、別に悪いことをしたって、人さまに見つからなかったらいいじゃないかと考える。

だけどそれはまちがいで、目に見えない神や仏がちゃんと見ているんだという、自分を戒めるものがなくなってきています。別に自分が悪いことをしたとも思っていないのです。

重富――そうですね。物に命が宿るという考え方がなくなったというのは非常に残念ですね。そこが一番大切なところじゃないかと思います。

工場で機械を使って物をつくるから物である、と錯覚してしまう。しかし本当は機械をつくるのも機械を動かすのも人なんですね。どんどん人が物になってきているような気がします。

本来仕事とは、「事」に「仕」えることなのですね。そこに人の心が介在しているのです。

増川――太古の時代は、すべてのものに八百万《やおよろず》の神が宿るというのは、潜在意識としてみんながわかっていたと思いますね。ですから、水の神様を敬い、水を大切にして、水と戯れていた。昔のほうが、月夜の池に舟を浮かべて歌を詠むといった、水とともにある生活をしていたのですね。

重富――私は水が流れる姿を写し取っているとき、水に挨拶するのです。「おはよう。今日も仲よくしよう。君はどこから来たの」と話しかけると、水が返事をしてくれます。「いいよ」とか、「メコン川から」とか言う声が聞こえるのです。

充分遊んで帰るときに、なぜか自然と「ありがとう。楽しかったよ、今度またね」と声に出して感謝します。水たちも手を振って流れていくように見えるのは不思議ですね。

水を見る、音を聞く

森――水は清浄ですから、水を見るだけでもいいいんですよ。音を聞くのもいいですね。

増川――水音を聞くのがとくにいいですね。二カ月ほど前、京都の美山《みやま》の古民家で古い水琴窟《すいきんくつ》*を聞かせていただいたのがとても印象に残っています。

水琴窟は土間の深いところにあり、長い竹の筒に耳をあてて音を聞いたのですが、水滴の変化がつくり出すその澄んだ繊細な反響音は、まるで水の精霊のささやきのようでした。

静かで奥深く、心に染み入ってきました。その音に感動して、その場を離れがたく、いつまでも聞いていたいなと思いました。

雫《しずく》がつくる幽《かす》かな響きの不思議な効果は、耳には聞こえない高周波に富んだ倍音《ばいおん》*の癒しの効果だといわれていますが、全身に感じる神秘的な波と同時に聞こえる静寂こそ、水琴窟の醍醐味なのかもしれませんね。

森――水に触れるのもいいですね。それに川や海を見るとなんかホッ

水琴窟――縁先に置かれた手洗鉢(ちょうずばち)や蹲居(つくばい)の流水を利用した音響装置。庭園に微妙な音を響かせる日本独自の風流な仕掛け。地中に瓶(かめ)を埋めるなどして空洞をつくり、そこへしたたり落ちる水が反響音を出す仕掛け。琴の音色に聞こえることからこの名がついた。江戸時代の庭師の考案とされる。

倍音――基本となるある音の周波数の倍の周波数をもつ音。

としますね。

増川――海のさざ波や川のせせらぎの前に立つと、日々たまった穢《けが》れが浄化される気がします。

森――ええ。その音でね。

増川――湧き水や、うねっている活動的な水はとくにパワーがあります。こちらにもその振動からのエネルギーが共振してくるのですね。

森――『観音経』には、「梵音海潮音《ぼんのんかいちょうおん》」と説かれています。この「梵音」とは、清浄な心を意味し、「海潮音」とは、海の水音が遠くまで聞こえることです。

つまり、このお経の一句には、清浄なる仏法が海の音のように響き、人々の心へ届くということが説かれています。法を音と表現されているのですね。

お寺でいえば、梵鐘《ぼんしょう》*です。あの鐘の音はまさに海の潮の音と同じで、われわれの心を清浄にしてくれるのです。

私は毎朝、諸堂をお参りするため、音羽の滝のところを通って、本堂に行くのが日課です。毎朝五時ごろ、音羽の滝の上にある奥の院の舞台

梵鐘――寺院の鐘楼につりさげ、撞木（しゅもく）で打ち鳴らす鐘。

に立つと、なんともいえないゴーッという音がしています。滝の音っていいですね。本当に心の底まで響いてきます。

重富――宇宙根源の音ですね。地球が太陽の周りを三百六十五日かけて回っている。そのスピードからくる音があるのですね。いったいどんな爆音なのでしょうね。貫主さんが聞かれているのはそんな音でしょうか。

増川――毎日、毎日少しずつ、音も違うのではないでしょうか。聞く場所によって、振動数も違いますしね。

森――本堂の中へ入りますとね、お堂は音羽山の山懐に抱かれていますので、そこからなんともいえない霊気が流れてきます。

増川――水から上がってくる霊気ですね。さざ波が遠くまで伝達していくように、水から上がったその霊気も、周辺全体に運搬されて伝達しているのです。周波数が共振していくのですね。

重富――それを、私たちが実感することはできないのでしょうか。

増川――早朝の五時ですからね。

森――ザワザワした雰囲気になると、やはりむずかしいですね。

重富――そうでしょうね。

森――六時に開門するのですが、早朝なので、まだお参りの人も少なく、霊気との融合が味わえるかもしれませんね。

増川――水はなんでも溶かし込む能力がありますので、たくさんの人が持ってきた気を吸って溶かし込んでしまいます。人がザワザワ入ってきたら、多分、朝五時に沸き立った霊気はまったくないでしょうね。

4 フローフォームの効用

自然の水の音やリズムを再現

重富――増川さんは、そうした自然界の音や周波数を、「フローフォーム」という装置で人工的に再現されていますね。

増川――はい、そうです。

都会や室内には、自然の滝や川のせせらぎなどを持ってくることはできないし、その音も聞けません。その場の気も感じられないですよね。その自然の水の流れを理想的なプロセスで凝縮して、短い距離内でも、部屋の中でも、自然の水の音やリズム、その場の周波数を再現するためにつくられたのが、フローフォームという装置です。

その仕組みを簡単に言いますと、水に方向性、それも8の字に動くように方向性を与え、かつ水が本来沸き上がったときに持っているとされるエネルギッシュな力を持つように活性を与えるのです。

それを考案されたのは、自然科学者、流体力学者、そして彫刻家でもあるイギリスのジョン・ウィルク博士です。博士はゲーテやシュタイナーの流れをくみ、他の自然科学、物理学、流体力学、空力学*、数学、幾何学の専門家の協力を得て8の字運動に着眼し、その形状を編み出しました。

私はいちおう、そのウィルク氏の弟子にあたります。

水はフラクタル（不規則のなかの規則性）なリズムを持ち、曲がりたいという意思を持っています。収縮と圧縮を繰り返しながらリズミカルに8の字を描いて運動することで、生命エネルギーを生み出すのです。フローフォームはその運動を起こすための単体、または連続した水盤からつくられています。

重富――なるほど、なるほど……。

増川――8の字の連続的運動は自然界に多く存在します。三角州をつくりながら進む川の流れ、蔦《つた》や蕨《わらび》などの植物の形状、茎や枝の両側につくられる葉の形状、双葉のつき方、煙の流れ、雲がつくり出すケルマン渦*などがそうです。こうした自然界にある形からも、水が持つ8の字の連続的立体運動や螺旋運動が、生命の育みに深く関わっていることがわか

空力学――流体力学の一分野で、空気中を動く物質に対する、抵抗、方向性、安定性、耐性、音など空気の流れが関係する現象すべてを扱う科学。主にロケット、飛行機、自動車、新幹線、船舶の分野などで活用されている。

ケルマン渦――交互に連続したうねりがつくる帯状の渦巻き模様のこと。古代ケルト族が、巨石、建造物や装飾物に使った「ケルト模様」が語源。

衛星が捉えたケルマン渦をつくり出す雲の様子。この中には、曲がる、うねる、8の字運動といった水の特徴が写し出されている。(写真：フローフォーム協会)

ります。

8の字の流れは、宇宙の動きや私たちの細胞内での細胞内液などが持つ回転力と連動しています。その8の字に水の流れが動くと、うねりができるので水分子が活性化し、電気を使わずに自然なマイナスイオンを放つのです。そればかりでなく、人々が場に持ち込んだ不要な気を吸着・分解し、常に新しい正常な気を与えてくれるのです。

それは、物理的な8の字の動きによって水分子の遊離結合が繰り返されるからです。

森――それが見られるのですか？

増川――ええ。それを見てそばに立っているだけで、気持ちが活性化されますね。自然エネルギーを取り戻した水の流れは、水自身の振動数を上げ、周囲にいる人たちの細胞内液に共鳴、共振振動を起こし、ゆがんだ電子軌道を修正してくれるのです。

これは同種療法の一つといえますが、私たちの身体に多くの水分が含まれているからこそ共振するのです。細胞間のイオン交換作用も活発になり、正常なリズムを取り戻すことができます。また水の音と振動によって刺激を与えて活性化し、それによって精神が沈んでいる人は明るい気分になり、イライラしている人は気分が鎮静化します。活性化と安定化をはかり、バランスをとってくれるのです。

毎日この装置に触れますと、高血圧の方は血圧が下がり、低血圧の方も徐々に正常値に向かいます。また自律神経失調症が改善されたという例もあります。

実際に脳波を測るとわかりますが、脳波が安定してきますし、不整脈が安定してきた例もあり、その関連の治療にも使用できます。

森――それも音の効果なのですね。

増川――ええ、音を聞くのも一つの効果です。また装置全体からの目には見えない場の気、その周辺のエネルギーを感じるのです。その気は空気中の水分を伝わり遠くまで共鳴していくので、その場全体に伝わります。

たとえばショッピングセンターにあるものは、大きな障害物があれば別ですが、ショッピングセンター全体に周波数が共振されていきます。

重富――それが、ここ清水寺の経堂で展示されるのですね。

増川――はい、その予定です。でも今回のものは、小さいサイズになります。いまあるものは、ショッピングセンターに置いてあるので、わりと大きいものです。場のエネルギーを変換させるには、最低限その場に合ったサイズのものでなければ、本来の効果は出てきません。

この清水寺に置くものは、どのくらいの大きさにするかはまだ決めていませんが、今回は8の字だけにこだわらないで、休む水、遊ぶ水など様々な水の表情を表現したいと思っています。

一つの石を池に投げ入れると、さざ波や細かい波紋ができますよね。水の動きは振動して、周辺の空気とエネルギーを変えるのです。

8の字の立体運動は、日々私たちの身体の中でも繰り返されています。赤血球そのものの動きも、細胞内液の動きも、心臓の動きも、全部8の字運動です。あわびの卵が孵《かえ》る瞬間の動きも8の字運動ですよ。

森――たしか、カクテルのシェーカーを振るのも8の字ですね。

増川――受精卵の周りを取り巻く生命エネルギーも、立体の8の字なのです。ですから、赤ちゃんが育つときには、頭とお尻がだいたい同じ大きさと重さで育っていくのです。頭のほうが少々大きいのは8の字の下

日本最大のショッピングセンターに設置されたフローフォーム(埼玉県・越谷レイクタウン)。(写真：増川いづみ)

の部分ですね。８の字以外の変な形になってしまうと、胎内から出られなくなってしまいます。だいたいこの形の中に人間の形が収まるようになっているのです。これは、宇宙の８の字のエネルギーと連動しています。

水の意思は厳然とある

重富――増川さんは水について大変な勉強をされていますが、われわれ一般人の知らない水の持つおもしろい力をもう少し紹介してください。

増川――おもしろい力ですか。では、とても驚いた経験をお話しします。鮭や鮎が川を上っていくところを観察していたときのことです。鮭ではなくて、なんと大きい石がまず上っていくのを見たのです。十五メートル以上もある滝を螺旋を描いて上っていってしまうのです。本当に驚きました。

よく見ると水の中には陰陽の流れがあって、片方では下りているけれど、その裏側では上っているのですね。だからまさに、違い勾玉《まがたま》のマーク、陰陽のマークなのですね。ですから、陰極まって陽になる、陽極まって陰になる。本当に陰陽がその一つの流れに内在していて、鮭や鮎は本能でその流れをつかんで上に上がっていくのです。鯉の滝登りもまさにそうですね。

森——ただやみくもに登ろうとしているのではなく、そうした水の動きをちゃんと使っているのですね。

増川——ちゃんと二重の流れがあるのです。望遠鏡で長い時間観察していると、石が片方では下がり、片方では、ちがう石が上がっているのがわかります。その両方の流れが必ず内在しているのです。

森——それを、魚たちは知っている。

増川——はい。たぶん本能で知っているのでしょうね。川の流れもおもしろいですよ。川がカーブしているとすると、片側に大きなうねった流れがあり、その反対側は小さく逆にうねっている。それらの真ん中にも流れがあり、三つ編みのようにうねっているのです。それは色を着けたり、紐を使って観察するとわかります。

森——よくわかりますね。

増川——とくに渦巻いているようなところは何重構造にもなっていいま

ドイツに本部を置くソフトウェア大手のソフトウェアAG財団所有の公園に設置されたフローフォーム（ドイツ・ヘッセン州ダルムシュタット市）。（写真：フローフォーム協会）

す。

重富――私は流水紋を川で写し取っていますが、川全体でなく部分的な流れの中でも、まさにおっしゃられているとおりのことがそのまま出てきます。

増川――一つの川でも場所によって、その流れ方も速度も変化に富んでいて、見ていて飽きません。子供のころ、祖父母がよく小川に連れていってくれたのですが、途中でどんどん川を上がったり下ったりしているうちに、支流に入ったりして、何度も迷子になりかけました。
いまになってみれば、無意識に水の遡る流れを追っていたのかもしれませんね。

重富――流水紋を取るときに、たとえば墨を一カ所に置きますよね。水はその墨をひとかたまりで流してくるのかと思うと、そうではなく、実際には、幾筋にも分かれて流してくるのです。

増川――人間業ではとても考えられない、繊細で美しい模様を描きますよね。

重富――右へ行ったり、左へ行ったり。また、そこに石があるとわざとその石にぶつかる流れもあるのです。

きっと水に痒《かゆ》いところがあって、水がわざと石にぶつかって、そこを掻《か》いてもらっているんだなと思うのです。だから増川先生が言われた、外側にカーブする流れと内側にカーブする流れと真ん中の流れ——これらが見分けられないと、私の流水紋はできません。

増川——異常に跳ねているところと、跳ねているのではなく水を取りこんでいる部分があるんですね、川の流れをよく見ているとわかります。

重富——あります、あります。まるで水の妖精たちのバレーを見ているようです。

増川——あるところでは外側に向かって水がピョンピョン跳ねている。別のところでは内側に向かってもぐりこむように水が取り込まれ、水蒸気が一緒に吸い込まれていく。この様子は、見ていてすごくおもしろい。

重富——おもしろくて飽きません。毎回、新しい流れですから。だから流水紋を二十五年間も取っているのです。

増川——水は、想像力豊かなすばらしい芸術家だから、きっと常に進歩しつづけているんですね。重富さんは水とともに二十五年間、魂を磨いているのではないでしょうか?

重富——そうですね、川に心の洗濯をしに行っています。行って帰ってくると、流水紋の墨や何かで手は真っ黒になっていますが、気持ちは真っ白という感じですかね。

水から気づかせてもらうこと、流れから教わることがたくさんありますね。長いこと一人で学習させてもらっています。

私は科学がまったくわからないのですが、増川先生は流れの紋様を見て、そのことを理論的にちゃんとフォローしてくださる。お話を聞いていると、あ、だからこう見えるのかとわかるのです。

和紙に残った墨の跡を指でなぞって、水がここをこう流れていったんだ、こんなに跳ねたんだと、なぜか懐かしく愛しくなるんですよ。

増川——私はたまたまミクロとマクロ、両方の研究をやっているのですね。はじめはナノレベルの水をずっと研究してきました。その後に、大学院で流体力学の講座をとり、マクロで流体を見てきました。まったく違う角度から水分子を見るのです。

ミクロだけを見ていると、だんだん木を見て森を見なくなってしまうので、水の原点である流れをあらためて見ようと思ったのです。先ほどのフローフォームというシステムも、マクロで見た水全体の動きです。

その水全体の動きをまた細分化してミクロで見ると、道理が合っているのですね。やはり水が喜ぶ形を通った水分子、つまり水の曲がりたがる、うねりたがる性質を妨げられずに動いてきた水の構成は、とてもきれいですね。

非常に理にかなった結晶構造に整えられていますし、含まれるミネラル粒子も非常に細かいです。

逆に、無理に直線のパイプを長い間通らされた水の分子集団の構造を見ると、その構造は崩れていますし、含まれるミネラルの粒子も大きくなり、粒子間には汚れが付着しています。

それは私たちも同じで、運動をしなくなると、血液が汚れて細胞内液の循環が滞り、栄養分や老廃物の細胞間移動も遅くなって、老廃物や古くなった細胞内液が徐々に硬くなっていきます。

森――流動性が肝心なのですね。

重富――私は川の源流に行って生まれたての水をつかまえるのです。下流に行くと、まったくあの動きは出てこないですね。

増川——様々な岩や鉱物層を通り抜け、圧力を受けてきた水は、生まれたてのまだ一切の汚れに触れていない水で、その分子振動は高く、水分子もきれいな形をしています。もう全然違いますね。

重富——活き活きとしていて、邪気がない。

増川——生まれたての赤ちゃんは雪の中に放り出しても死なないといいますね。あれは細胞内にとてもきれいな結晶構造を持った水を豊富に持ち、それが非常に高い免疫能力と細胞の蘇生能力を持っているからです。ですから、風邪もひかないし、しばらくはそうしていても大丈夫だそうです。

重富——流動性といえば、おもしろい紋様を写し取ろうと思って、川の中に石を置いて流れを人工的につくろうとしたことがありました。ところが、意に反してまったく陳腐なものしかできないのです。このことが不思議で、場所を変えて何回も試みるのですが、全然だめでしたね。

それは人間の浅知恵なんですね。水は三十六億年も前から、もっとも気持ちのいい流れを自ら創造して流れているのですから……。

増川——ご自身で石を置くなら、紋様を写し取る数カ月前に置いて、水の意志で自ら動かしたいように石を動かしてもらってからのほうがいいのではないでしょうか？　紋様を写し取る直前にいきなり石を置いたら、水は反発すると思います。地域ごとの土壌と木々の種類により川の水質も違い、どんな川にも場所ごとに流れの形と個性、そして意思による方向性があるものです。

重富——なるほど、自然の水の世界ではきちんと法則どおりに流れているのですね。

5 すべては水に始まり、水に終わる

音羽の滝の水でビールを製造

重富——ところで、音羽の滝は、昔からあそこの場所にあったのでしょうか?

森——祠《ほこら》があるでしょう。そこで湧いているんです。断層の中から出てきているのです。人の手は加えてありませんよ。地下千メートルから地層を伝わって浸み上がり、沸き上がってくるのです。

重富——そこから、滝になって落ちているわけですね。

森——もともとは、一筋の滝なんですね。それを鎌倉時代ぐらいに、あのように三筋にしたらしいといわれています。

重富——音羽の滝は、ただ景観の美しさを見るだけではないようですね。

森——滝に打たれて修行をなされていた場所ですね。滝行の場です。

増川——音羽山の開山以来、多くの行者が禊《みそぎ》をし、悟りを開いたかもし

れない歴史ある場所なのですね。

森――ご開山の延鎮上人はそういう行者でもありました。また、行叡居士も滝に打たれて修行する行者でした。行叡居士の庵を譲られた延鎮上人が清水寺を開いたのですから、もともとのスタートは行場です。

増川――一般の方々が、あそこで滝行をしてもいいのですか？

森――事前に申し込んでいただいたら構いません。勝手にはだめですが。なにしろたくさんの方々がお出でになりますから。皆さんがお出でになる前か、帰られた後にしていただいています。

増川――あの滝は修行以外にも、いろいろと役に立ってきたようですね。

森――そうですね。昔はあの滝の水でビールをつくっていたのです。

増川――そのお話は聞いたことがあります。

森――音羽の滝の横にビール工場があったのです。

重富――日本最初のビールですね。

増川――お寺の中の清らかな滝の水を使ってビールを製造していたなんて、おもしろいですね。世が世なら、森貫主さんはビール会社の社長だったかもしれないですね。社長兼貫主さま。

森——おそらく私の代でつぶれてますでしょう。飲み過ぎで（笑）。

増川——皆さんにふるまっちゃいそうですね。

森——なぜビール工場をつくったのかといいますと、明治になって東京遷都があって京都が寂《さび》れるんじゃないかということで、殖産の手立てがいろいろ考えられたわけです。

京都府の殖産興業政策を担当していたのが舎密《しゃみつ》局*の明石博高《あかしひろたか》という方です。この方は化学者でもあり、水や石鹸などの研究をしていた人ですが、音羽の滝の水に目をつけて、まずラムネをつくり、次にビールの製造に乗り出したわけです。

増川——それはいまでいえば、新規エコ事業の推進ですね。石鹸や水の研究にラムネの製造なんて、ずいぶん先進的ですね。

森——もう、すごいですね。資本金十万円の株式会社です。そのオーナーは、初代京都市長の内貴甚三郎氏です。清水寺の信徒総代ですね。ですから、その当時は、お寺の和尚もハイカラだったと思いますね。明治以後、近代日本を発展させようというときに、京都もうかうかし

舎密——ドイツ語の「化学」の発音「セイミ」に当てた字を音読したもの。舎密局は、京都府の行政組織で、化学技術の工業化を推し進めた。

てられないということだったのでしょうね。

増川――新規産業をお寺から発信するというのがおもしろいですね。ただ民衆の舌はまだ、そうした先進的な味についていかれなくて、ビールのほろ苦さの旨味がわからなかったようですね。

森――そのようですね。四年後にはビールの製造をやめてしまいます。

明治初期の殖産事業で特筆すべきは、琵琶湖疏水《そすい》事業でしょうね。滋賀県の大津から山科を通り蹴上《けあげ》まで、琵琶湖の水を引っ張ってきたのです。その水は、生活用水や水力発電、またインクライン*による「水運の水」としても活用されました。

疏水の幅は、調べてみますと、はじめの計画ではいまの水面よりも三倍ぐらい広かったようですね。「琵琶湖疏水」の設計・監督の総責任者であった田辺朔郎《たなべさくろう》氏の計画ではそうなっていたようです。予算上、いまの幅にしたということらしいです。あれで三倍あったら、すごい川面を見ることができたのですがね。

京都は、ほかにも今出川や東洞院《ひがしのとういん》川などの人工の川をいくつもつ

インクライン――語源は英語のincline「傾斜面」。斜面にレールを敷き、動力で台車を走らせ、その上に船舶や荷物などを乗せて運ぶ装置。一種のケーブルカーで、京都市の蹴上にあったものが有名。

くっているんですよ。

増川——それらの川はすべて人工なのですか。

森——人工です。現在では十二本の川がそうだということがわかっています。それから、堀川の川幅は十二メートルもあったそうですよ。北山からの材木を引くためにそんなに広くしたのだそうです。おそらくこの清水寺の再興も、その堀川を利用したのではないかと思われるぐらいですね。ですから、京都の人工川は非常に活躍しているのです。

増川——当時で、幅が十二メートルの人工の川となると、かなり大規模な工事ですね。材木の運搬をはじめ、かなりほかの産業にも貢献した水路となったのでしょうね。

森——先斗町《ぽんとちょう》の高瀬川もそうですよ。鴨川は暴れ川でしてね、利用しにくかったんでしょうね。それでたくさんの東西の川をつくって、物資の運搬をしたんですね。これはやはり、京都の商業発展に大変な力を発揮したと思いますよ。

「物の命」と「言霊」

重富――最後に貫主さんに、水にまつわるお話で、最近とても印象深かったことをまとめとしてお話しいただければと思います。

森――物に命がある。われわれはもういっぺん、このことを考え直さないと、この地球、生きていく地球、大事な地球、青い地球がだめになってしまうのではないかと思います。そういうことを、われわれの先輩はちゃんと、「魂」というような言葉で表現しているというのはすごいと思いますね。たとえば「言霊《ことだま》」という言い方。言葉にも魂があるのですね。

この前、中学生に話をする機会がありまして、何を話したらいいのかと思っていろいろ探し、ヘレン・ケラーさんの話を思い出し、彼女の回想録をざっと読んでみたのです。

家庭教師のサリバン先生が、ヘレン・ケラーさんの口の中へ自分の指を入れて発音の稽古をさせたそうです。彼女は、物に名前があるということがわからなかったのですね。手に字を書いて、これは何、これは何ですよと教えながら、物を手渡したというんです。

増川――実際に触れてみないとわからないですものね。

森――触れてみたんです。ところが一番理解がむずかしかったのはコップの中に入っている水のことだったのです。

増川――形状のない液体と形ある容器。

森――水とコップとは別々の物だということがわからなかったのです。回顧録には、

「ウォーターと手に書いた。私の手の上に流れ落ちるこの素敵な冷たい物のことだとわかった。感激にうち震えながら頭の中が徐々にはっきりしていき、言葉の神秘が開かれたのである。この瞬間に魂が目覚めた」

と書いてあるのです。

重富――それは原文ですか。

森――ええ。そう書いてあります。

増川――「この瞬間に魂が目覚めた」とは、なんてはっとする素敵な表現なのでしょう。

森――魂が目覚めたと書いてあります。水の魂がヘレン・ケラーさん

の魂を蘇らせたのではないでしょうか。

増川――すばらしい。冷たい水が言葉の神秘を開いて、魂を蘇らせた。水の命が人には聞こえない音でヘレン・ケラーさんの魂にささやきかけた……。水と言葉の神秘、そして、魂に響いた水の言霊。

森――ええ。言霊というのはやはり、洋の東西を問わないのですね。

増川――そういう意味では水が穢れると、やはり魂が穢れてくるのではないでしょうか。命を与えてくれる元の水が汚れてしまったら、恐ろしい連鎖が起こりますね。

水道局が化学薬品を駆使した様々な人工的処理をして、最終的にまったく物理的には汚染されていない水になっていたとしても、もうすでに湧きたての命ある水とはほど遠い死んだ水になっているのです。

一度化学薬品で汚染されてしまったら、仮にそれを汚染度ゼロの水に浄化したとして、それを一万倍に薄めても、使用された化学薬品の汚染は電気的には残っているのです。

しかし現実には、生きたエネルギーがなくなるばかりでなく、化学薬品や重金属さえも残存しているのが実態です。そのような水を飲みつづけて、少しずつ全身が穢れ、魂も弱って、いずれ精神状態にも支障が現われるのではないでしょうか。だからこそ浄水器やミネラルウォーターを常用している方々が多いのですね。

森――人の身体と精神に異常をきたしてくるんですね。

増川――いま、死んだ水を飲みつづけて、人間の免疫がかなり下がっています。本来、水には活性エネルギーがありますので、正しい食生活をしていれば、私たちの体は、もうそんなに病原菌に侵されない状態になっているのです。ところが、水そのものの活性エネルギーが下がっているばかりか、汚染物まで入っているのですから、いまはなかなか体を浄化しきれないのです。非常な悪循環になっています。

また昔から存在し、私たちには感染しなかったといわれていたウィルスにも感染しはじめていますね。

森――感染していますね。

増川――結核でも戦前・戦後の栄養不足の時代に流行ったものといわれていますが、最近また発症するようになってきましたね。

それは、水の活力が下がり、大気の活力も下がり、加えて私たちの免疫力が下がって、悪性菌やウィルスがより活動しやすい環境になっているからなのでしょうね。

重富——ヘレン・ケラーさんのお話——水イコール魂。まあ、びっくりしました。すばらしいことですね。やっぱり水が、「いい気」でないとダメなのですね。大気中にいっぱい水があるわけですから。この水が活き活きしていないと。

増川——大気中の水蒸気も活き活きしていなければ植物も悪影響をうけますし、建物でさえ影響をうけてしまいます。大気に活気がない土地や建物にはカビが生えやすくなり、蚊などもたくさん発生しやすくなります。

「勿体ない」と「お蔭さまで」

森——話は変わりますが、ここ清水寺へ、ケニアのワンガリ・マータイ（当時環境副大臣）さんが見えました。あの京都議定書が発効されたときです。

増川——あの方の本は素朴でとてもよかったですね。

重富――「勿体《もったい》ない」という言葉で有名になりました。

森――前の日に小泉総理大臣との会見で、「勿体ない」ということを彼女がおっしゃっていました。テレビのニュースで見たのです。日本の総理大臣が、アフリカ人に「勿体ない」という日本語の意味を聞いておられた。

私はそれを見まして、マータイさんが来られたら、「勿体ない」についてひとこと述べないといけないと思いました。

簡単にいえば、「勿体ない」という言葉に、われわれ日本人は形とそこに宿る命の両方を見ているということを申し上げたかったのです。物には命がある、魂が宿っているというのが日本人の本来の考え方で、物も大切だけれども、その魂が大事なのです。

増川――以前古代文字の研究家から、「勿体ない」の勿という漢字は、音を奏でる楽器を表わし、とても尊いもので、音を表わす形霊《かただま》が宿ると聞いたことがあります。

重富――「勿体ない」の「勿体」というのは、形が魂になるということですか？

増川――古代から、言葉や形に宿る魂やエネルギーがあるとされ、「言霊」「形霊」と呼ばれています。それは科学的には、周波数ということになるかもしれませんが、まだまだ未知なる深い何かが存在しているような気がします。古代では、そのことを形霊と呼んだのです。

とくに、スパイラルな波長を持つ日本の古代文字は、漢字やアルファベットを使った外国語よりも、文字に宿るエネルギーが高いといわれています。

幾何学模様なども西洋ではあるエネルギーを持つと信じられ、会社やブランドのロゴも様々な意味が込められているものも多々あります。

ヒットラーが使った左に回転する逆万字「卐」は、人から人間性を奪い、残忍さを駆り立てるとされ、アメリカのペンタゴンが使っている五角形も攻撃力や闘争心を煽《あお》るとされています。

これに対して六角形は中和を表わし、花の形は華やかで平和と明るさを生み出すとされています。ですからさすがに、戦いの場に花のマークの旗などは出てこないですね。中国ではいまでも、相談者ごとに違う文字を板に書き、相談者をその文字板の上に寝かせることで治療をしている方もいますが、まさに文字の形霊療法ですね。

森――昨年（平成二十年）、ワンガリ・マータイさんが再来日されて、七月十二日の京都新聞の夕刊に、こういう記事が載りました。

「マータイさんにとって日本でもっとも印象に残っている場所は京都の清水寺だった。二〇〇五年二月に同寺を訪れたときに森清範貫主から『勿体ない』の意味について教えを受け、とても貴重な時間を過ごしたという。単に物を無駄にせず、再利用したりするということだけでなく、そこには敬意があり、それが仏教の教えにつながると教わった。食べ物に感謝することは、料理した人だけでなく、それをつくった農民、雨や日照りをもたらした自然など、すべてに感謝することだと貫主が説いた。決して忘れられないそうだ。『勿体ない』は、以来、理性に訴えることだけでなく、心の琴線に触れる言葉になったという」

マータイさんは、とてもいいことをおっしゃっていますね。

増川――なんでもないようでいて、すばらしい言葉だったのですね。

森――「勿体ない」というのは、物と心ということを両方いっぺんに言っているのですね。でもこんな言葉は英語には訳せないですね。

増川――むずかしいですね。日本語にはそういう言葉が多いですね。二つの意味が内在している。

森――はい。だからリサイクルとかリペアとかいう言葉はありますけど、それは形を指しているんですね。

増川――英語の場合はわりとシンプルですが、日本語には、ときには隠された深い裏の意味があるものも多いですね。

森――それを伝えていますからね。奥があります。

増川――陰陽、両方。いくつかの意味が同時に包含《ほうがん》されているものが多いですね。

重富――同じように「お蔭さまで」という言葉も深い意味を持っていますね。

森――そうですね。お伊勢参りは別名、「お蔭参り《かげまい》」*といいます。伊勢へ参ったときには「お蔭でございます」というだけで、お願い事はしてはいけないのですね。

願い事をするのは祈願なのですよ。神や仏に祈るのですね。でも伊勢では、そうではなくて、神仏を祈るのです。

お蔭参り――御蔭年（おかげどし／伊勢神宮で遷宮のあった翌年）に、伊勢神宮に参拝すること。特に、江戸時代以降にしばしばおきた大衆の伊勢参りを指していう。お蔭（恩恵）のいただけるありがたい年とされて参詣客が多かった。季節は三月ごろが多い。

増川――「を」ですか。神仏を祈るのですね。神様に依存したり、お願いをしてはいけないのですね。

森――それだとお参りの目的が、これをしてほしいという願い事になります。そういうものではないのですね。

増川――自分のために祈ってはいけないんですね。神仏を祈る。

森――お参りするときは神仏を祈る。それは、わかりやすく言いましたら「ありがとうございます」ですね。

増川――ちょっとまちがっていましたね。いつもお願い事ばかりしていました。

森――神仏に祈る、というのだったら、何かをしてほしいということ。これでは交換条件で注文書を出すようなものです。注文書ではなくて、「領収書」でないといけないのです。いただきました。いただいております。

重富――なるほど。注文書じゃなく、領収書なんですね。

森――ときどき督促状を出しにいく人がいます。「頼んどいたあれ、まだですか」と（笑）。

重富——最後は洒脱《しゃだつ》なお話で締めていただきました。森貫主さん、増川先生、本日はお忙しいところを、お時間を超えてお話しいただき、まことにありがとうございました。

今日のお話で、この宇宙のすべてのものが水に始まり、水に終わるということを、本当に実感させていただきました。

お二人がこれからも、水の伝道師として大いにご活躍いただけるようお願いしたいと存じます。私もこれからますます、水を敬い、親しみながら、水と一緒に遊んでまいります。

［第二章］◉

水と光とダイアモンド

重富 豪

水と遊ぶ

子供のころ、川遊びは楽しい遊びの一つだった。川に足を入れた瞬間、全身にうける気持ちのよさがなにより好きだった。冷たいという感覚、それに足首あたりを流れまつわるくすぐったい快感、その感触を鮮明に覚えている。

しかしそれは子供にとっては一瞬のことで、すぐ小魚探しが始まり、メダカやどじょう、はやなどを、いろいろと工夫をこらして捕まえる。カニやシジミもとれる。たくさんとることや大きい獲物をとることも楽しかったが、一番おもしろかったのは生き物を捕まえることだった。手のひらに動くものがいる——その感覚は、食べられるものを捕まえる動物の本能がよみがえった歓びだったのだろう。

もう一つの川遊びも忘れられない。田畑を横切って流れる一メートルぐらいの幅しかない用水路を数百メートル行き来するだけの遊びなのだが、これがまた楽しかった。日ごろ陸地しか歩いていない者が水の中を歩くのだから、足に当たる水の抵抗で歩き方が違う。上りと下りでも違い、見える景色も違ってくる。川底を踏む足裏の感触が違うのだから、一歩一歩ごとに驚きと歓喜の声が出る。

水の美しさでも、忘れられない子供のころの体験がある。

それは、もらい水をしていた井戸の掃除のことである。

井戸の水を汲み出して梯子《はしご》を降ろし、井戸の側面についたコケや草類をとり、水垢《みずあか》や汚れをブラシで落としながら底までいくと、底にはいろいろな汚れがたくさんついている。

底を金属のへらで掻き、汚れを削り取る。次にきれいな布を使って、汚れた水と一緒に垢も搾《しぼ》り取るのである。

掻いても掻いてもきれいな水にはならない。汚水を掻き出す作業が延々と続く。湧き出る水と汚れた水を交換するには、すばやく作業しなければならない。まだかまだかと汗まみれになりながら掻き出していると、ある瞬間、忽然《こつぜん》と澄みきった水が湧き出てくる。井戸の底一面がきれいな水に浸かりはじめる。

そのときの目をみはるばかりの透明な水に心を奪われ、言葉にならない。本当の水って、こんなにきれいなんだと子供心に感動した。

急いで梯子を上り、上から覗くと、水が地底から沸き上がってくる音が響いてきた。翌朝その井戸を覗きこむと、井戸の底がきれいに透けて見えるほど透明な水で満たされていた。このような水遊びや水への驚きは、現代の子供たちも経験しているのだろうか……。

私はいまでも、そのような子供の感覚をもって川の中に入り、水の流れをとらえる。そして、水からたくさんの教えをもらう。

大人になって、川の中で特異な体験をした。

流水紋を制作中のことであった。もうすでに一時間も同じ場所、同じ方法で行なっているのに、思ったイメージが和紙の上に現われない。水は本当に気持ちよく流れていて、この流れの姿をなんとか写し取りたい、なぜ表情を見せてくれないのかと夢中になっていた。

突然周りがまぶしいほど明るくなり、見上げるとあたりが光の玉に包まれている。

大きく明るい球体の中に私がいる。

光の中にいるのは私だけではなく、太陽、木、岩、石、水、雲、風——それらがみんな同じ言葉で話し合っている。木や岩たちが「よかった」「よかった」と言い、私は「ありがとう、ありがとう」と笑いながら答えている。

みんな笑っている。雲も太陽も風も笑っている。私は大きな岩に抱きしめられている。硬くない柔らかい岩である。そのとき自分が何をやっていたのか、その記憶がない。夢から覚めたように目をあけたら、川の側《そば》で横になっていた。手にしていた和紙には、狙っていたイメージどおりの活き活きした流れをくっきりと写し取った。

これをどう解釈するか、私にその謎解きをする気はない。ただ見事な流れの姿を取ることができたことを喜ぶだけである。またあの夢のような体験をしたいと、いまも追いつづけている。

流水紋を制作するきっかけは、時の流れの表情を見たいという高校時代に芽生えた願いからだった。流水紋を取るということは、水の流れの模様や形だけではなく、水そのものをいろいろな視点から学ぶことだった。

時の流れというものが、自然の形あるものの変化、生命の継承だとするならば、その両方に加担している水のつくり出す姿・形こそ、まさに時の流れの表情だろう。

地球は一つの生命体で、その表面をくまなく流れる川は血液であり、地底のマグマは心臓である。その生命体の中でわれわれ人間は、一人ひとりが細胞の役割をはたしている。つまり、その違った土地、違った条件のもとで、それぞれの働きをする人が必要だから、いろいろな人種がいる。

地球は生きているから刻々と変わっている。あらゆるものが生々流転《せいせいるてん》している。水が、風が、熱が、地形が、変わっていく。

変わっていく姿が時の流れであり、それが水の流れる紋様に現われる。だから流水紋は時の流れの表情に違いないと私は確信している。

流水紋が取れるようになるまで三年の月日を要した。

まず水の流れ方が見えるようになるまでけっこう時間がかかった。また、ふさわしい墨と和紙を見つけること、これには苦労させられた。墨は水に乗ると一瞬のうちに流れてしまうので、それを思いどおりに扱うこと、風に揺らめく薄い和紙をあやつることなど、すべてが初めての体験であある。

そである。一つひとつ経験を積み重ねるなかでわかってきたのは、水と仲よくすることが大切だということだった。これに気づいたことが次への大きな進歩へつながった。

しかし、なかなか思いどおりには取れない。もっとありのままの流れを写し取りたい。それにはいままでの方法やテクニックでは無理だった。

川の中で腰は痛み、膝は転んで血が出ている、失敗した紙はビニール袋いっぱいにある。泣きたい気分で呆然として川を見つめていた。長い時間、何をしてきたのだろうと自問していた。

しかしそのときはっと気づいたのである。私を生み、育ててくれている自然に対して、ただ私の言いたいことを伝えよう。水の流れを私の望むようにあやつろうなんて考えるのはやめよう。そんなことはできるわけがない。そう気づき、仲よくしようと思い、水に話しかけはじめた。返事は返ってこないので、ただ私の言いたいことを伝えようと一方的にしゃべる。

「仲よくしてよ」

「遊ぼうよ」

「お願いだよ」

「気持ちいいな」

「いい流れだね」

とほめたり、お願いしたり。――そのうち、うまく水と話ができて、

「ん！　これは――」

いままでとはちょっと違う水の表情を写し取ることができた。そんな感じがしたのである。

そんなふうに気持ちを切り換えてみると、川の中でおもしろいことがたびたび起きるようになった。

水が、川の流れの「ここを取れ」「あそこを取れ」と指図する。私は慌てて、こっちを取ったり、あっちを取ったりと忙しくなる。そんな私の様子を見て、水が笑っているのが私にはわかった。「おもしろかった？」と逆に聞いてみる。こんなとき、水と仲よくなれたと実感するのだ。

これは水神様？

そんな繰り返しのある日、水は大きなプレゼントをくれた。

二十年以上も水と仲よくしてきた私に、本当の水の世界を垣間見せてくれたかのように……。

あれは平成十八年の春、名栗川（埼玉県）上流の有馬ダムに流れ込むある流れでのことだった。

そこは流水紋を制作する数ある流れの一つで、朝日が早くから差し込む気持ちのいいポイントである。いつものように作業を始めると、最初の一枚目にどーんという手ごたえがあった。

やった！

これは最初からいいものができたと喜び、和紙を引き上げてみると、そこにはイメージしたものとはまったく違う模様が写っていた。和紙から水分を取り除いてよく見ると、驚くほど見事なプロポーションを持った人物像ではないか。

顔が、すごい。あるべきところにきちんと目・鼻・口があり、片方の目を大きく見開いてらんらんと何かを睨《にら》んでいる。もう一方の目の周りには、しっかり結んだ皺が幾筋も浮き出ていて恐ろしいほどの迫力。天地眼《てんちがん》（片方の目は天を、もう片方の目は大地をにらむ形相）のお不動様のようでもある。

口は大きく開かれ、何かを叫んでいるかのようだ。その口の中には銀河の姿が見え、まるで宇宙を飲み込んでいるようにも見える。

身体は、胸・腰・足がどっしりとして堂々たる体軀だ。

水墨画の達人がある意図をもって描いたと思えるほどの見事な出来栄えに圧倒された。そのときは見てはいけない何か恐ろしいものを見たという気になり、その一枚だけを大切に持ち帰った（28ページ参照）。

家に持ち帰ったはいいが、その後見るたびに、どうして？　なぜ？　どうすればいいのか？と落ち着かなくなる。なにしろ、気になって仕方がないのだ。

この顔の形相は何を訴えているのだろう、大きく開いた口からの叫びは何と言っているのだろう、と意味を考える。何か意味がなければ、これだけのものが現われるわけがない。そう思うようになったのは当然の成り行きだった。川の中から立ち上がってきたのは、もしかしたら水の神様が何かメッセージを……?

そう考えると家の中に置いておくわけにはいかない。以前からご縁をいただいていた京都清水寺の執事長・大西真興さんに相談したら、なんと清水寺に奉納させていただくことになった。奉納の際に記した縁起文に、こう書いた。

「水神さんの声を、
この大地を汚すものたちへの警告と聞き、
水に感謝して、
この地球を、
永遠の水の星にすることを誓います」

水からの使者は、千二百年の長い間、清き水を守りつづけてきた清水寺に居場所が定まって、さぞほっとしていることだろう。

水は命そのものである。

増川いづみ先生の言を借りれば、私たちの生命を内側から支えている一個の知的生命体である。そこに気づくと、水を大切にしよう、水に感謝しようと、水に優しくなる。そのようなこちらの行為に、水はきちんと応えてくれる。

人と水の関係の改善が、この地球を救うことになるだろう。

私は水たちと話ができ仲よくなることが嬉しくて、二十五年も川の中で遊んできた。

今日の水は昨日の水とは違う。今日の私は昨日の私ではない。

今日は仲よくできるかな、と水に気を遣いながら川の中に入る。そして川から上がるころには、いっぱいの元気と豊かさ、優しさをもらっている。

そして今日もまた、私は水に会いにいく。

光は命である

高校生のころ、それまでまったく泳げなかった私が山の中の溜池を二十メートルほど独りで泳ぎきった。溜池を前に、なぜか「いまなら泳げる」と内側から強烈なエネルギーが沸き上がり、身体が光に包まれた。

その経験と、流水紋の制作中にも光に包まれた経験をしたことから、光とは何だろうとずっと疑問に思っていた。光の原点である太陽が山や海から昇り、また山や海へ沈む光景が好きで、そういう所にたびたび出かけていた。

ある秋分の日、七面山《しちめんさん》（山梨県）から富士山の真上へ昇る朝日を見たとき、その美しさに思わず涙した。そのとき、光の正体を見たと感じた。

「光は命だ」

と、ストンと腑《ふ》に落ちた。

私が命を得たとき、すなわち母の胎内で受精したとき、私は光ったのだと確信した。

だから講演会では、いつもこう話すようになった。

「光は命です。命は光です。皆さんも母の胎内で光ったのです。その光をいまも放っています。それがあなたという存在です。その光を輝かせるのが一生です」

ある講演会場で、その光った写真が掲載された本（『Ein Kind entsteht』）を持っていますというご婦人が現われた。その方は福井県でいずみ保育園を経営されている加藤博子先生で、無理にお願いをしてその写真をいただいた。受精の瞬間が撮影されたもので、受精卵の周りにはまだ精子が浮遊していて、二つに細胞分裂した周辺が黄金色に光り輝いている。これが命かと、思わず頭を下げた。まさに奇跡の一瞬の写真である。

それからは自信満々で、「命は光・光は命」と明言している。

よくいわれることに、「磨きなさい、磨かなかったら輝きませんよ」という言葉がある。

しかし、何をどう磨くのか。それはなかなか教えてもらえない。

人は皆、磨けば輝く光の玉を持っている。ない物は磨きようがないが、それはたしかにある。私たちには、磨けば輝く光の核が与えられているのだ。

生き物は光がなかったら、その熱がなかったら、死滅してしまう。水も同じで、光と熱で分子活動が旺盛になり、エネルギーが強くなり、その力をすべてのものに分け与え、生き物たちの内側から生きる力を支えている。

原始地球のころ、光との共生、つまり「光合成」により地球表面の海に酸素を満たし、生命が生きていける環境を創造した。水と光がなければ、むろん人は存在しない。

「重富はダイアモンドのカットで最高のグレードであるエクセレントカットを世界で最初に開発した者である」（『ダイアモンドの輝きを極めた男』柏書店松原）という過分のおほめをいただいたことがある。

私の本業はダイアモンドの研磨である。研磨工場を三十年にわたって経営している。もともと輝いていない原石を研磨し、光を取り入れ、輝きに変える仕事である。

私は、流水紋の制作に二十五年間、ダイアモンドの研磨に三十年間たずさわってきたことになる。流水紋の制作にも、ダイアモンドの研磨にも、光の存在はなくてはならないものだ。

水はすべての物質に存在し、それを生かし育て、破壊することにまで関わっているが、地球上で唯一ダイアモンドだけが、水とは無縁なのである。ダイアモンドの中に水はなく、外部から浸透してくることもない。それゆえダイアモンドは壊れない永遠のものなのである。

ダイアモンドは水とは無縁だが絶対欠かせないものがある。それは、光である。ダイアモンドは、光によって命が宿る。

ダイアモンドの原石は輝いていない。原石の中に光の子供を十億年以上ものあいだ閉じ込めていて、その光の子供を取り出してやるのがカッターの役割である。光の子供を喜ばせてあげたいとイメージして磨き上げたダイアモンドは、美しく輝く。私どもが開発し、完成させた「全反射するカット」は従来のカットに比べ、ダイアモンドの輝きを極限まで極めたと私は自負している。

このように幸いにも私は、水と光とダイアモンドを同時に語ることができる立場にある。

ダイアモンドは炭素が結晶したもので、その意味で私たちの生命と同じ物質である。ダイアモンドの原石は人体でたとえるなら肉体だ。その中に命の核である光の子供を抱いていて、いつか輝きたいと願いながら静かに待っている。その光の子供を取り出し、全反射するよう研磨してやると、光の子供たちが精いっぱい喜んで輝く。ダイアモンドの輝きは、光の子供の喜びの表情なのである。

山の端に沈む夕日（日和田山頂で）。

流水紋は時の流れの表情だが、光は、そのときの流れる様子に大きな影響を与えている。

私たちが一日のなかで時の流れを感じるのはいつかといえば、「あけぼの時」と「たそがれ時」ではないだろうか。

朝日が昇る瞬間の茜《あかね》色と夕陽が沈むころの暮れなずむ色に、人は無常感を覚えるのだと思う。それはちょうど陰と陽の境い目、朝と昼と夜の光の変化が起きる時である。

その時の色の移ろいは、空気中にくまなくある水の粒子と光との共演によるものである。

私がその光景に遭遇できたのはまさしく幸運だった。

とっさにシャッターを切った。ピントは甘いが、オレンジの光があたり一面に点灯しはじめた。

晩秋のある日、私は日和田山《ひわだやま》（埼玉県）の頂上にいた。

いままさに、西方遠く山の端に太陽が沈もうとしていた。その太陽の光と、自分がいる山頂周辺の草木の葉に含まれた水たちとの、つかの間の共演だった。身近にあるすべての草の葉と木の葉の一枚一枚にオレンジの光が灯ったのである。その数はいったいどれくらいだったのだろう。

見渡せる範囲の葉のすべてに、何百万もの光の点が満ちていた。はじめ、目の前の葉のオレンジ色は何なのだろうと不思議に思った。周りを見渡すと、次から次へとオレンジの灯が灯っていく。いままでに一度も見たことのない神秘的な光景だった。

その不思議で美しい光景に感動の声を

あげているうちに、灯はみるみる消えていき、同時に、夕陽は山の裏に隠れてしまった。

そのときは、葉の先端にたまっていたわずかな水分と夕陽が向き合い反射するタイミングだったのだろうと思っていたのだが、あの時刻にすべての葉の先端に水分が集まるのだろうかと、いまは不思議に思う。

その後、もう一度その光景を見たくて、同じ時刻、同じ場所に数回立ってみたが、残念ながら同じ光景は現われなかった。

物理学的に判断すると、その事象は容易に解明されるのだろうが、はるか離れた夕陽と草木たちの葉の一枚一枚が共鳴しあう光景は、人智では測りえない、時空を超えた自然界の共存の仕方なのだろう。

一日の終わりにすべてのものが互いに感謝し合い、挨拶をしていた。

「俺も仲間に入れてくれ」

と思わず叫びたくなる衝動に駆られた。

葉の先端に輝く一滴の水。その水と光が自然の色の変化をうながし、時の流れる様を見せている。自然界のすべてのものが、つながり、共鳴し合っていることを確認できた経験だった。

この光景は生涯忘れられないだろう。

ダイアモンド——光の子供

時を表わす単位の言葉に「一瞬」がある。「永遠」もある。一瞬と永遠は時の極にあって、相容れながらも互いに羨望《せんぼう》しあう対象である。一瞬を表わすものとして水があり、永遠を表わすものとしてダイアモンドがある。

鴨長明の『方丈記』の冒頭、

「ゆく川の流れは絶えずして、しかももとの水にあらず。淀みに浮かぶうたかたは、かつ消えかつ結びて、久しくとどまりたる例なし」

は、時の流れの無常さを水にたとえた文章である。

一方、ダイアモンドはなぜ永遠なのだろうか？

地上にあるすべての物質は時の経過によりひびが入り、割れ、腐り、壊れたりする。しかしダイアモンドは少なくとも十億年前にできており、その間変化せず、そのままの状態で現存する。もっとも古いもので、六十億年前のものが発見されているが、六十億年ものあいだ、全く変化していない。

それはダイアモンドが炭素の単結晶で、その結晶格子が非常に強く密だからである。ダイアモンドの結晶間は、不純物が入り込む余地がないほど硬く結びついている。

他の鉱物にはわずかだが水が入り込んでいて、この水がその鉱物からなくなってしまうと、ぼろぼろに壊れ、砂になってしまう。

だが、ダイアモンドだけはまったく水を寄せつけない。私のカッティング工場では、すべてのカット工程が終ったあと、沸騰させた塩酸の中に仕上がったダイアモンドを入れて洗浄する。それでもなんら影響はない。仮にダイアモンド内部に塩酸が浸透したら、そのダイアモンドは壊れることになる。それほどダイアモンドは硬く不変なのである。いまあなたがお持ちのダイアモンドも、そのままの状態で十億年も変わることがないのだ。

人は命のはかなさを哀れみ、永遠の命を求めるがゆえに、ダイアモンドにあこがれるのだろうか。

一方で、形がなくて、一瞬たりとも同じ状態でない無常の水。

他方、形が崩れることがなく、まったく動じない永遠なダイアモンド。

その二つが時の流れに大きく関わっていることがおもしろく、ふつふつと探求心が湧いてくる。

それに加えて、水にもダイアモンドにも光が重要だ。ダイアモンドの原石を見ると、原始宇宙の光を抱えこみ、ただひたすら眠りこんでいる頑固者という感じがする。その姿を見るにつけ愛おしく、懐かしささえ覚える。

どこに窓を開け、いまのこのときの光を差し込んで目を覚まさせてやろうか――それを考えるのがカッターの醍醐味だ。

ダイアモンドはエンジェルアイ（神の目）としてつくられた、という言葉がある。それを知ったときから私は、ダイアモンドはなぜあるのか、どういう役割があって存在しているのかと考えるようになり、原石に問いかけてきた。「どうしてもらいたいの？」「なぜここにいるんだい？」と。

そうするうちに、まずダイアモンドは物ではないことに気がついた。われわれと同じ生き物で、命がもっとも進化したもの、生まれ故郷を同じ星とする命の兄弟姉妹なのではないかと。

われわれの命の元をたどれば、炭素に行き着く。極端な言い方をすれば、私がダイアモンドになっていたのかもしれない、ここにある一個のダイアモンドが私だ――そんな身近な関係なのである。

だからダイアモンドを身につけるということは、自分の兄弟と出会うという行為なのだ。宝石店をのぞいてどれを買おうかなと探すより、私の姉妹はどこにいるのかな、いつ会えるかな、と出会う喜びを楽しみながら見ていく。きっとどこかのショウケースの中から、声をかけてくれる、「ここにいるよ。こっち見て――」と。

しかし、いままでのダイアモンドに対する常識と私が提唱するダイアモンドの持ち方には、物と心の違いほどの差がある。

大きなダイアモンドの指輪をしている人のダイアモンドが、油と汚れで覆われ、光が小さくなってくすんでいるのをよく見かける。これではなんのためにダイアモンドをつけているのかわからない。輝きのない白い石の指輪をしているのと同じだ。そこにあるダイアモンドの輝きを見て、自己の内にある命の光の輝きと共鳴・共振させることを心がけてみる。そうすることで、ダイアモンドが本当の力を発揮して、あなたの内なる力に加担してくれることだろう。

神の目は見ている。その人の暮らしぶりをそっと見ている。ダイアモンドは人に見せるためにつけるものではなく、自分のために、自分が活き活きと生きるためにつけるのである。その点ではダイアモンドは女性だけのものではない。

そのためには自分のダイアモンドの美しい輝きを見ることだ。ダイアモンドは光が大好きだ。だから、いろんな光に当ててみることだ。簞笥《たんす》や金庫の中では、ダイアモンドが寂しく悲しんでいることだろう。朝の光と昼の光で輝きはまた違う。夜の街の明かり、レストランのダウンライトのもとではどんなふうに輝いているのか。

あなたはその違いを見たことがあるだろうか？

それぞれの美しい輝きを見て感動し、思わず出てくる言葉、「きれい」を口にしたとき、その人の顔はダイアモンドより、もっともっときれいに輝く。そういう関係をもって響き合うことこそ、ダイアモンドの本当の価値なのである。

ほんものの美しさはどこか他所《よそ》にあるのではない。それは、裸の自分の内にたしかにある。ダイアモンドはその自分の美しさと向き合うパートナーなのである。

ダイアモンドの輝きは、磨き方ひとつで変わる。もっとも高い屈折率を最大に活かし、多くの光を取り入れ、最大の光を輝きに変えて、反射させるようにカットしたものと、原石の重さ（キャラット）を多く残して大きいですよと高く売るビジネスライクのカットでは、まったく美しさが違ってくる。

前者は二十一世紀の心の時代に寄与するカット、後者は二十世紀の物質文明を反映したカット。これらのあいだには大きな違いがある。

その二十一世紀カットを実現させたのは日本人である。いや日本人だからこそできたのだ。原石の中に光の子供がいる。その子供を見ることができるセンスを日本人は持っている。先祖から長いあいだ受け継がれてきた日本人特有の、見えないものを見ようとする力だ。

私たちは、岩や木や井戸にしめ縄をまわし、それに手を合わせるＤＮＡを持っている。その日本人の心が奇跡を起こしたのだ。

私どもは、五十八面体ラウンド・ブリリアントカットで全反射するようにカットする方法を開発し、完成させた。この全反射カットをほどこすと、八方に広がる太陽の姿が現われたのである。

お釈迦さんを太陽のようにありがたいとみなし、その太陽の光を図案化した輪宝《りんぼう》を拝んだ時代があったが、五十八面体ラウンド・ブリリアントカットをほどこされたダイアモンドから現われた光の姿は、輪宝の模様と同じものだったのである。

さらに偶然なことに、五十八面体ラウンド・ブリリアントカットの輝きの仕組み（光の屈折による反射の働き）と、仏さんの世界を表わす二十五菩薩三十三身の教えがまったく同じ意味を持っていることがわかった。

二十五菩薩三十三身の教えとは、二十五種類の菩薩さんのそれぞれが三十三に変身してわれわれを救ってくれるという教えである。たとえば十一面観音、千手観音、馬頭観音、如意輪観音などに変身した観音菩薩が全国各地に祀られている。それがいわゆる日本の百観音（四国三十三観音、坂東三十三観音、秩父三十三観音プラス一）である。

また二十五と三十三を足すと五十八面になる。

観音菩薩の働きの教えと、ダイアモンドを全反射させることが同じ意味を持つ。

このことが明らかになって、一九八六年の比叡山延暦寺戒壇院《かいだんいん》のご本尊釈迦如来坐像の復活に際し、私はご本尊の白毫《びゃくごう》と肉髻朱《にくけいしゅ》に五十八面体ラウンド・ブリリアントカットと同じカットをほどこし、納める光栄を得た。その後一九八九年には、永平寺別院の紹隆寺《しょうりゅうじ》のご本尊にも納められることになった。また、二十五菩薩三十三身を表わす大きな光が京都清水寺の多宝閣《たほうかく》に静置さ

上から見ると、お釈迦様のシンボルマーク「輪宝」が現われる。

横から見たダイアモンド。

れている。

ダイアモンドの五十八面カットは一九〇〇年代にユダヤ人が発明したものだが、二十五菩薩三十三身は、そのはるか数千年前にお釈迦さんが提唱した。その二つが、私どもが一九八六年にダイアモンドの原石に命の光を宿し全反射するカットを完成させたときに、奇しくも結びついたのである。自然がそうしてほしいと願っていることを実現してやると、自然は多くの褒美《ほうび》をくれる。その一つがこの奇跡の結びつきだった。

ダイアモンドと仏様の世界が、人の生き方の大切なところで結ばれていたとは、誰もが思わなかったことであろう。

ところで、日本ではダイアモンドが婚約指輪として利用されるのが一般的だが、最近の若者にはそういうものは敬遠する傾向がある。なぜそうなったのだろうか？　それは宝石商が、本当の意味でのダイアモンドの価値をお客様に伝える努力をしてこなかったからだと思う。たしかに、アクセサリーとしてのダイアモンドならその必要はないだろう。

けれどもブライダルダイアモンドは、新しい家庭のシンボルになる、太陽の意味を持っているのだ。

昔は一家を持つと、神棚を設け天照大神を祀った。それは家の中をすみずみまで明るく照らす太陽なのである。家の中が明るいと人が笑い、集まってくる。いい情報も集まってくる。

子供が生まれたら、母親が太陽になり子供をあたたかく見守る。そのシンボルとして、人はダイアモンドを求めるのである。

だからこそこれから結婚する若者たちへは、二人の新しい家庭の幸せを祈るシンボルとしてダイアモンドを勧めたいのだ。

また、歳を重ねてきた大人たちが、子供たちに伝えていく形あるものとしてのダイアモンドがある。一所懸命生きてきた命の輝きを子孫に伝えていくシンボルとしてのダイアモンドだ。ダイアモンドの輝きに負けぬよう命を輝かせてほしいと、子供たちへ託すのである。

そうした思いを人類に伝えるために、ダイアモンドは十億年の昔から存在していた。そしていま、人類と共生する役割を持って出現しているのだと思う。

ダイアモンドにかぎらず、鉱物は生き物の生命がもっとも進化した状態のものである。化石はもともと生き物で、それが鉱物になっている。地球の原始時代、人類が生存していない時代の恐竜やアンモナイトのオパールが、いま発見されている。

人類がこの地球に出現したとき、薬というものはなかった。人は鉱物を舐《な》めて病気を治したのである。当時、石はいまのような石ころではなく、もっとたしかな存在であった。

当時から現代まで、石は意思をもって生きている。

水に意思があるように、石にも意思がある。それらと通じ合うのに大切なのは人の意識である。

人が自然をどう意識するかで、この地球が変わっていくだろう。人類を生み出し、育ててくれているこの地球が一瞬一瞬変化しながら、よくなろうよくなろうとしていることに人類が手を差しのべ、知恵を出しながら永遠の時を創造していく。それが、自然と人間の真の共生だと思う。

水も、時も、循環して生きている。

水は大地と大空を循環し、時は過去と未来を循環して生きている。現代人はいまを生きていくことに汲々として、いまのこの時を生き急ぎすぎているようだ。私の十歳のときと、いまの十歳の子では、時の流れ方があまりにも違いすぎるように思う。

それは、ただひたすら競争に勝つための時の使い方を優先させるからではないだろうか……。個人も会社も急ぎすぎている。新幹線で「ひかり」が最速と思っていたら「のぞみ」ができた。「望み」を「光」より早く手に入れようとでもいうのだろうか。

時はまちがいなくやってくる。そのときまで待てばよい。現代人は「便利」という時間を買っている。そのため見えなくなっているものがたくさんある。のぞみに乗って車窓を見ても近くのものはまったく見えない。そこに多くの大切なものがあるのに……。水も大雨が降り鉄砲水になっては自然の地形も、生き物たちをも破壊してしまう。

川の水が穏やかに流れていると、水は川の周りの生き物たちにたくさんの生きる力を分け与える。

時の流れに意識を向けてみよう。自分の周りに流れている時の流れを感じるのである。自分らしい流れ方を自分は知っているはず。そう意識すると自分に向かってくる流れの中から、自分好みの流れを見つけることができる。自分にとって一番気持ちのいい流れがある。

それに乗ればいい。その流れの中でこそ自分が一番頑張れる。みんなと一緒の流れに乗れなかったからといっても落ちこぼれではない。これからの時代は、一人ひとりの違った力を出すことが一番大切だ。

近くのものがよく見えると、何が一番大切かも見えてくる。たとえゆっくりであったとしても、きっと周りのみんなと大した違いはない。

いまの時間を生き急ぐのではなく、いまを大切にしよう。

きっといい未来の時がやってくるはず。未来は、過去と現在の結果だ。

現在の時をよく生かし、未来へ循環させることで、よりよい永遠の時を創造することができる。

［第三章］◉

宇宙のバランスを求めて

増川いづみ

川を追って山中へ

私の「いづみ」という名前は、大好きな祖母がつけてくれました。祖母は、水はすべての源であり、これほど大切なものはないと考えていたようです。それで私の名前を「泉」の意味で「いずみ」とつけたのですが、「ず」を「づ」としたのは、日本語のかなづかいが持つ微妙な意味の違いに、祖母なりのこだわりがあったからのようです。

祖母は、湧き水や小川などの自然の水をとても慈しみ、家でも水道より井戸水のほうが美味しいといって、寒い日でもよく裏井戸から水を汲み、飲み水や料理に使っていました。また華麗なバラよりも、小さな野バラやレンゲ草などの可憐な野の花を好み、短歌、俳句や古文献などに親しむ繊細な人でした。

私が深く水に関わるようになったのは、どうも、そうした祖母の影響と幼い時分の遊びの体験が大きくからんでいるようです。

少女時代、小川のせせらぎが大好きでした。いつまでも水の流れを見ていて川から離れず、流れを上ったり下ったり、石をどかして沢蟹を見つけたり、小さな魚や虫を捕まえては目を輝かせる。小川に入り込んでくる小さな流れを見つけると、制止の声も聞かず、さっさと危ない坂をのぼろうとしてはすべり落ち、擦《す》り傷が絶えず、いつもスカートやズボンを泥だらけにしていました。

海ではほぼ半日、飽きもせず砂にまみれてアサリや貝殻をひろったり、浜辺で波とたわむれたり、もう帰ろうと促されてもいうことを聞かず、いつまでも遊んでいたものです。

忘れもしない暑い暑い夏の午後。「どこか涼しいところにカブトムシでも取りに行こうか」と誘う兄に、好奇心旺盛な私は、二つ返事で「行こう、行こう」とすぐ自転車に飛び乗りました。どこに行くかも知らず、もちろん地図なども持たずに。

「とにかくどこかの川沿いに上流へ向かえば山の方に行くから、行ってみよう」

「うん。そうだね」

すごい勢いで自転車を飛ばす兄の後ろをひたすら追いました。土手を走り、一般道路に出、また田んぼと川の間を走る。だいぶ走ったところ、

「お兄ちゃん、どこへ向かってるの？」

「決めてないで、でたらめに走ってるんだ」と答える兄。

「そうなんだ！」

驚きもせず、それからまたでこぼこ道を走り、民家の間を通り抜けたりして、もうへとへとになって、なんとか山のあたりに着いたのが、木々が夕焼けに輝くころでした。

のどの渇きを川の水で癒し、さらに山の中へ。しばらくすると急に暗くなりだし、小道に沿う

でもなく川の蛇行に従ってどんどん入ってきた私たちは、来た道がわからなくなって、すっかり迷っていました。

そのうち、空一面に星が輝きだしたのです。

「見て！　星がすごく光ってる！　家から見る星とは大違いだよ」

「ウワー、ほんとに！」

などと言い合いながら迷ったことなど忘れて、密集する木に寄りかかり、いつの間にか野宿をしていたのです。寒かったのか寒くなかったのかは、まったく覚えていません。

そのころ家では、忽然と消えた二人を探して大騒ぎになっていました。夜の八時を回ってもどこにもいないので警察沙汰になっていたのです。

翌日お腹がすいて、ふらふらと森を出た二人は、通りがかった警察官に呼び止められて、パトカーに乗せられました。そのときはじめて、自分たちが武蔵野の森に入り込んでいたことがわかったのです。家に着くと、母が開口一番、「二人とも全身やぶ蚊に刺されて、痒《かゆ》くなかったの？」と訊くのですが、兄と私は口をそろえて、

「とにかく星がすごく綺麗だったよ！」

と答えたものでした。

池を探して優しいお坊さんに会う

池の水に興味を持ったころ、家の庭にある池では話にならないと、小学校から帰って家を飛び出すと、池を探してひょこひょこ近くのお寺の裏や神社の庭を物色していました。どこへ行くにも、水を入れる容器を持っていきます。

容器に池の水をすくい、まずは色とにおいの違いをみます。次は生き物。おたまじゃくし、水草、タニシ、アメンボウ、ザリガニなどの種類の違いを調べるのです。もう一丁前の生物学者きどりです。

あるとき、持って帰ったおたまじゃくしを家の池へ放したら、たちまち錦鯉が寄って来ておたまじゃくしをあらかた食べてしまったのです。驚きました。そのわずかな生き残りが孵《かえ》って、とても大きないぼ蛙に成長しました。そのいぼ蛙を見ていると、じっとこちらを見返してくるのです。蛙のいぼが私にうつってしまうのではないかと、とても怖かった……。

またあるとき、行ってみたかったお寺の池の門が閉まっていたため塀をのぼって入ろうとしたのですが、バランスを崩して持っていた容器ごと塀の内側へどすん、あおむけにひっくり返ってしまいました。ちょうどそこへ、お坊さんが帰ってきて、

「なんでそんなところで寝てるの？」

と優しく声をかけてくださったのです。私はそのままの姿勢で、

「門が閉まっていて池に行けないので、塀にのぼったんです。高いから落っこっちゃった」

優しいお坊さんはそのあと裏の池に案内してくれて、木や植物のこと、長年池に住んでいるという亀や魚の話などをしてくれました。私はおたまじゃくしを取ろうと思っていたのですが、言い出せなくなり、結局珍しい水草をもらいました。帰りに、おやつにとお団子までくださったので、そのお坊さんが大好きになり、その後おやつを目当てに何度か通いました。

あとになって、祖母がそのお坊さんをよく知っていて、私が塀から落ちた話を聞いていたと目を細めて笑いながら話してくれました。

川辺で花や野草を摘んだのも懐かしい思い出です。

摘んだばかりの花で、祖母に教わった編み方で髪飾りや首飾りを編んでは、勝手な想像の世界を楽しんでいました。ときには、ほどよい疲労感で横になり、そのままお日様の下で気持ちよくなって眠ってしまう。祖父や兄が探しにきても、野の花に埋もれて寝ている私は見えなくて、呼ぶ声も聞こえず、夕方までぐっすりと熟睡していた……。いつも水辺で遊んでいた自由奔放な少女の時代でした。

古民家での暮らし

二〇〇九年初頭。

外は雪です。

昨夜か明け方に積もった雪が、昨日と違う表情で純白の幻想的な世界を演出しています。

水の化身でもある雪は、もともとこの近くを流れる地下水だったのかもしれないし、あるいは向こうの山の木々から蒸発した水だったのかもしれません。遠い空から様々な体験をして再び地上に舞い降りてくる雪はいったい何を見てきたのだろうかと、いろんな思いを馳せてしまいます。大好きな雪は毎日でも飽かずに眺められます。

昨年の秋、東京から居を移し、三重県伊賀の里での古民家暮らしを始めました。いま初めての冬を経験している真っ最中です。

クリスマスの夜から初雪が降りはじめ、その美しさにはしゃいでいたのですが、実際には日ごとに寒さが厳しくなっています。そればかりか家に入る唯一の出入り口であるアプローチの坂が凍って足をすべらせたり、秋ごろは換気にちょうどいいなどと言っていた隙間風も、氷の上を通ってきたような寒風になってからは、そうも言っていられなくなりました。

夜になるととくに寒く、いくつも置いて暖をとっているストーブの近くにいないと、隙間風に直撃されてしまいます。ストーブを消せば、とたんに冷え冷えしますので、灯油がなくなり雪に閉ざされてしまったらと思うとちょっと恐怖です。

数日前のことです。雪がやんだ午後の日差しにポカポカとしたひととき、縁側で雪見としゃれこみました。暖かいコーヒーと軽く暖めた干し柿を横に、雪が解けて様々な表情で次々と落ちてゆく雫《しずく》に目をみはり、その音に思わず聞き入ります。

わらぶき屋根のストローの一本一本から、軒下の水路に撥《は》ねて踊る雫。柔らかな土や草の上におちる雫。笹の葉からの小さな雫。音は聴こえないけれど、遠くで落ちる木々からの大きな雫。そのリズミカルな音、不規則な音、静かな音、流れる音、石の上で大きくそして小さくはじける音、優しい柔らかな音――自然の奏でるたくさんの音がいつの間にか調和して、一つのメロディのように歌い出しました。

対照的に、心の中は静けさと安らぎでいっぱいに満たされ、理想的な空間ですばらしいオーケストラを聞いているときのような、いやそれ以上の至福の時間を過ごしました。

広がる空と、ひとときの優しい日差し、真っ白な雪景色、輝く水滴――人の手間をかけたものなぞ何ひとつないのに、なんて贅沢な空間なのでしょう。

空のはるか彼方から旅して地上に舞い降りた雪の精たちは、いくつかの記憶をまとって地上に戻り、水に帰り、その記憶を現在と未来に伝えていくのです。そんな感慨にふけっていると、こ

右手の家がフローフォームのアトリエ。左は母屋。縁側から山に向かい、自然と一体になれる。

古民家へのアプローチ。季節ごとの木々や花があふれる。（写真：増川いづみ）

んな句が浮かびました。

彼方の記憶　水に託して　消ゆる雪

雪は天然のアーティストです。

次の二枚の写真は、一枚目が水と雪と風がつくり出した自然の文様です。左右にうねる姿はケルマン渦や植物の葉のつき方にもよく似ていますね。もう一枚は、生きた水に特殊なパウダーを入れて撮影したものです。水のうねりがダイナミックで、神秘的なアートと化しています。

こちらに住みはじめたばかりの初秋、ほぼ一日中、ひぐらしの鳴き声、鈴虫やこおろぎの音にすっぽりと包まれていました。目覚めとともに、ただただその音に呼吸を合わせて一日が始まり、やがて夜の静けさに一層引き立つその音に引き込まれて、深い眠りにつくのです。

そして、実りの秋本番。そよぐ風に黄金色に波打つ稲穂が山間に広がる様子は、まるで夕日に光りさざめく波のようです。

その上をゆったりと遊ぶトンボたち。鮮やかに咲く椿や山茶花《さざんか》の周りをブンブンと群がる大きなクマンバチ。人が花に近寄れば威嚇《いかく》してきます。そして、いきなり現われて度肝《どぎも》をぬかされるムカデ……などなど。

秋が深まり、いつの間にか虫たちの音が少なくなるにつれて、山々は競うように色づき、夕暮れ時には、それが光の加減で様々に変化します。私はときおり車を止め、その色彩の微妙な変化を、しばし見入っていました。

田園に、山々に、木々に、風の香りに、そして虫の音にも、こんなドラマチックな季節の変化が訪れていたのに、東京での暮らしで、こんな季節感を味わったことがどれくらいあっただろうか？　過ぎゆく日々のなかで、ゆっくりと空を見あげて雲の流れを追ったり、風の香りを感じたり、街路樹に触れてみたりしたことがあっただろうか？

もともと自然が大好きだったはずなのに、都会のオフィスビルやマンション生活で、自然から学ぶという基本的なことをすっかり忘れ、機械の一部のような生活をしてしまっていたのです。

いま住むところは、周りに民家もあまりなく、標高も六百メートルあるので、空気は澄みわたり、夜空の星や月の輝きは格別に美しく、とくに星は東京で見るよりずっと数も多く、まるで星座の神々が浮かびあがってくるかのようです。月も、寒さが厳しい夜であっても、いつまでも見入りたくなるほどの美しさです。

こうして自然に取り囲まれていると、大地や水や木々や大気など、すべての物からエネルギーを与えられていることに気づかされます。自然との触れあいと語らいの時間を持つことで人間ら

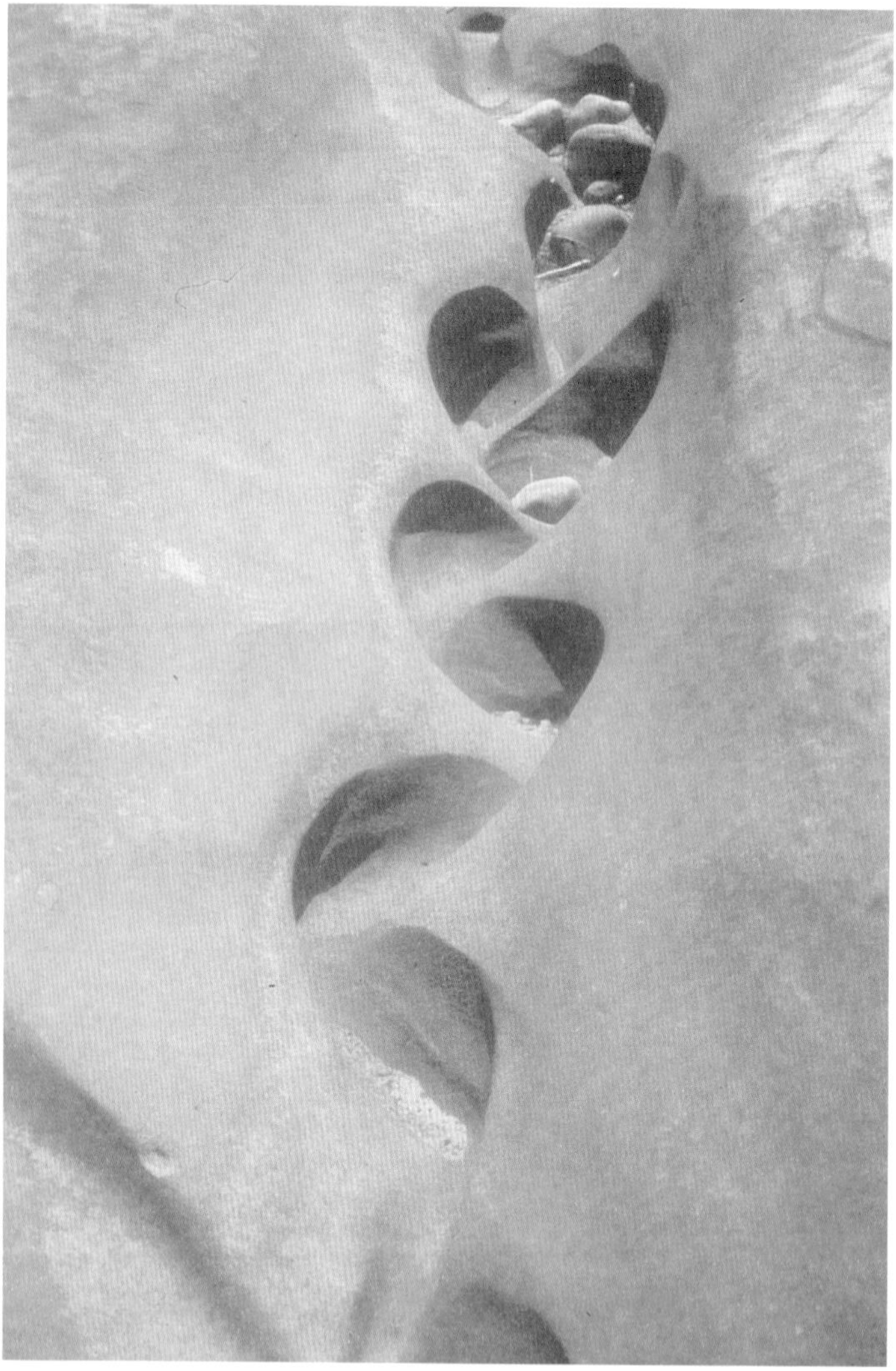

小川の上につくり出された氷と雪の結晶。下を流れる小川の動きの影響で、植物の葉と同じような紋様をつくり出している。(写真：フローフォーム協会)

生きた水に特殊なパウダーを入れて水の動きを映し出したもの。植物や木々が育っていく姿と似ている。神秘のアート。（写真：増川いづみ）

しさを取り戻し、自然の尊さを再認識する――そのことがどんなにすばらしく大切なことか、日々改めて感じるのです。

美味しさも食べ応えもある野菜たっぷりの食事

「We are what we eat.」（われわれの食したものが、われわれの身体をつくっている）。昔、初老の栄養学の先生が言ったシンプルなこの言葉が、いまでも脳裏に残ります。東洋の思想と同じ意味の言葉が、海外でわかりやすい英語になっていたことが、とてもうれしく新鮮でした。

生きた安全な食材が健康な身体をつくります。見た目と流通性ばかりを考えた添加物たっぷりのものを食べれば、添加物が体内に蓄積されて、身体はだんだんと毒されていきます。日々食べるものが私たちの身体をつくるのですから、一食一食心をこめてつくるか、その時間がないときは、心して、食するものを体調に合わせて選ぶことがとても大事です。

添加物の多いインスタントものは簡便ですが、複雑な生命体である私たちの身体は、そんなお手軽なものばかりでいいはずがありません。

古民家暮らしを始めてとにかく気に入ったのが、このあたりの野菜とお米の美味しさと、料理や生活に欠かせない水質のよさです。

無農薬の元気いっぱいの野菜は、都会では見たこともない野性味を放っていて、葉も茎も根もぴんぴんしています。見た目は不ぞろいでも、きれいにパック詰めされていなくとも、味は抜群です。とくにいま気に入っているのが、ずっしりと重く甘い白菜や大根と、身が厚く深い味わいの原木しいたけ。

唐から伝わる「身土不二《しんどふに》」という仏教用語があります。食の世界では、身体（身）と環境（土）は切っても切れない関係があり、地元のものを食べるのが一番よいという意味だそうです。もともと私たちは、土や水から生まれ、また土や水に還っていきます。地元の肥沃な土と水に育まれた野菜中心の食事が、自然の栄養循環の理にもかなっているのです。

もちろん旬のものをいただくということも大切です。人為的な操作や施肥をしないで、自然の季節サイクルのなかで育った野菜には、もっとも健全なエネルギーが満ち満ちているはずです。反対に、時季ではないものを無理に調達して食べるのは感心しません。

味がつくる人間の性格

日本人がとくに味覚に優れているといわれるのは、日本の伝統的な食事が、五味といわれる「辛味、酸味、甘味、苦味、塩味」の感覚を育んできたからです。

食べ物の味を感じるのは、「味蕾《みらい》」といわれる器官です。五味は、それぞれ違う味蕾を刺激します。かたよった食事をしますと、ある特定の味蕾だけが刺激されることになり、それ以外の味には鈍感になってしまいます。

それにしても、「味蕾＝味の蕾《つぼみ》」とはなんとも風雅なネーミングですね。

味蕾は舌や軟口蓋《なんこうがい》、咽頭《いんとう》、喉頭《こうとう》にあって、その数は全部で約八千から一万個。味蕾の入口には味孔《みこう》という孔が開き、ここから発せられる味覚信号が脳の大脳皮質の味覚野《みかくや》に伝わり、味を感じるのです。

一食ごとのあらゆる味が、こうした味の精緻な感知システムによって瞬時に脳へ伝えられるのですから、食べ物が脳に、ひいては精神活動に与える刺激は軽視できません。

心身の調子を整えるには、様々な食材を体調や季節に合った調理法で料理し、五味のバリエーションをバランスよく味わうことが大切です。

ところが現代は、コンビニ食やファーストフードの影響のせいか、濃い味付けでなければ美味しさを感じなくなっている人も多くなり、とくに子供や若者たちは、化学調味料いっぱいの濃い味のハンバーガーやスナックが大好きです。

アメリカにいるころ、アリゾナ州のネイティブ・アメリカンの村に三カ月ほど滞在したことがあります。彼らは非常になごやかな雰囲気の人たちでした。ケンカをしないのです。他人の子供の面倒を実によくみます。こうしたおだやかな気質は、実は食事からくるものだと、村の酋長が言っていました。

伝統的な彼らの料理はアメリカの調味料を使わず、調理用具も自然のものばかりです。自然にあるものを、自然の調理器具で料理する——それが、おだやかでいられる秘訣だと言うのでした。ところが彼らも、とくに若い人がアメリカ風の食事になじむようになって、だんだん性格が変わってきたそうです。近ごろの若い者はアメリカ流の食事を摂るようになって、だいぶ気が荒くなったと、その酋長が嘆いていました。

実際、辛い香辛料を多く摂る民族は好戦的だといわれます。唐辛子を多く食べるとケンカ早くなるのは、それなりに科学的な根拠があります。辛いものを食べつづけると、脳がそれを記憶して、いつも刺激を要求するようになるからです。

そこへいくと日本人は、昔から主食の雑穀、お米、しじみやじゃこ、海藻類などから、小量でもバランスのとれたアミノ酸やミネラルを持つものを食してきました。それが長いあいだに日本人の繊細な神経を育み、根がおだやかな優しい民族性を養ってきたことにも関与しているのだと思います。

野菜にはもともと辛味、甘味、苦味を持っているものがたくさんあります。ですから、薄い味付けで十分です。淡い味でこそ十分に素材のよさが生かされるのですから、その繊細な味覚が、濃い味付けによって失われていくのはとても残念な気がします。

水の研究にのめり込む

私はもともと食への興味があり、そこから食物を育む土壌へと移り、つぎはミネラルへと関心が深まり、そして最終的には水に到達したわけです。

高校時代の一時期をニューヨークですごしたあと、私はミシガン大学に入り、栄養学を専攻しました。栄養学を学びはじめると、どうしても栄養の基本である水に関心が向かいます。そうした理由でほぼ同時に、水の講座を受講するようになりました。「生物分子学」「磁気共鳴学」「水処理」の三つです。

当時は水のメジャーな学部や講義というものは、アメリカにもむろん日本にもありませんでした。唯一イタリアのジェノバ大学にあったくらいです。調べると、MIT（マサチューセッツ工科大学）に量子力学の中で水関連の講座があり、ここも併せて受講することにしました。

祖母から「学校なんか重要じゃない。自然から学べ」とさんざん吹き込まれていた私は、それこそ暇を見ては近くのキャンプ場や川、湖などにしょっちゅう出かけていました。結局、日本にいたころと同じように、北米や中南米をほいほいかけずりまわっていたのです。

やがて卒業です。

私は司法長官の家にホームステイしていたことがあって、その縁でアメリカの水を中心とする特別な研究所に勤務先が決まり、ここで磁気共鳴水の研究に取り組みました。

水を研究していくと、当然、環境問題に行き着きます。当時アマゾンに棲息していたピンクイルカの絶滅が心配されていて、私はその保護運動に関わることになります。

ピンクイルカの可愛い目をくり抜いて商品にしようとするけしからぬ人たちがいたり、ピンクイルカの赤ちゃんの剝製《はくせい》をつくる残酷な人もいました。原住民が怒ってその人を殺してしまうという事件が起きたくらいです。

私はアマゾン川でピンクイルカの尾につかまって泳いだり、けっこう遊びも愉しみましたが、なんどか危ない目にも遭っています。

一度、あやまってヘリコプターから落ち、原住民の屋根の上に落下してその家を壊してしまったことがありました。映画で見る原住民がとても優しく見えるほど、現地にはものすごく危ない野性的な人たちがまだまだいます。そこはまさに要注意の村だと聞いていたので、私は無我夢中で心臓をドキドキさせながら必死になって逃げました。走るのは子供のころから得意で陸上部の選手でもあったので、このときばかりは、その脚力が役に立ちました。

そんなこんな、私は水の勉強をしながら、大いに水と遊んだのです。

水は、あらゆる生命とつながっている

そうした遊びもしながら私がつかんだものは、

「水は高度な知的生命体である」

という結論でした。

その理由は大きく分けて三つあります。

一つ目は、水は記憶するという能力を持っていることです。条件の整った水はコンピューターのＩＣチップと同じようにギガバイト以上の記憶力を持っているといえるでしょう。この場合の「水」とは、水分子の構造化された一結合体をさします。記憶媒体そのものであるＩＣチップの原料はシリコンですが、その中身はシンプルな珪素《けいそ》と水であり、珪素は水の能力を最大限に引き出す役割を持っています。要するに、ＩＣ（記憶媒体）＝水ともいえるのです。長い年月をかけて地中を移動し、多くの情報を蓄え養われた水は、鉱物内（シリコン）に溶け込み、その能力を発揮しているのです。

たとえば次のような実験があります。

二重のガラス管を用意し、その内側の管に数種の植物エキスの混合物を入れ、外側の管に水を入れます。この二重管に振動を与え、ある独特の回転運動をさせた後にその水が持つ微弱な磁気

を捉えて調べると、植物エキスからとみられる微弱な磁気と同じ波形が捉えられるのです。その間、水は植物にまったく接触していません。

この実験は、植物エキスだけでなく、酵母菌、ケミカル（化学物質）、花粉を溶かした水などでも同様の結果が得られました。水が物体に触れることなく、共鳴現象によって情報を記憶する能力を持っていることがこれでわかりました。

また、アリゾナ大学で植物学者と一緒に次のような実験を行なったことがあります。水分を多く含む植物である、サガロカクタス（柱サボテン）という人間のような大きなサボテンにセンサーをつけ、数人で針、ナイフ、植物、果物など様々な物を持って近づくのです。

すると、針やナイフを持った人が近づくと、まるでサボテンが生きているかのように反応するのです。植物や果物を持った人には表われない激しい波を出します。さらに驚くべきことは、今度はその人たちが何も持たずに近づいても、同じように反応し、最初の波に近い大きな波を示すのです。これは要するに、サボテンの中に記憶する能力が備わっていることを示しています。ちなみに、この現象は水を多く含むサボテンほど顕著に表われました。

約二十数年前、私はパリ大学教授のヴェンヴェニステ博士に出会っています。この方こそ、「水が記憶能力を持っている」ということを世界に初めて発表した方ですが、当時は、賛同する学者は少数で、保守派が多いフランスの学会で攻撃をうけ悲惨な目にあいました。彼は残念なことに、時代の先を行き過ぎていたようです。その後しばらくして、この水の記憶能力については、ロシアの著名な学者たちも次々と研究発表をし、いまではとりたてて新しい学説ではなくなっています。

二つ目は、水はたしかな意思を持っていることです。たとえば砂で人工の流れをつくっても、水は自分の流れを勝手につくってしまうのです。川の上流には、そうした水がつくったうねりの跡がいくつも残っています。あの琵琶湖も、年に三センチ、百年で三メートルも南から北へと移動します。これは水が北へ引き寄せられるという地球の極性にもよりますが、自発的な意思も働いているように感じられます。

そのほかにも海岸線、植物、動物、そして人間の持つ様々な形の相似形をたどると、地球が誕生してから万物に水の意思が働いてきた痕跡が見えてきます。たとえば植物の葉の付き方、木の枝の生え方や大河の流れ、血管の分岐構造から神経細胞にいたるまで、共通したフラクタル（不規則な規則性）な方向性があります。そこでは、いくつかのリズムが組み合わさった波が無限の複雑さを生み出していますが、そこには確実に、水の意思ともいえるある一定の規則性があるのです。

水は球体をつくろうとしたり、曲がろうとしたり、動きつづけようとする性質を持っています。それを人為的に止めて型に閉じ込めてしまうと、途端に分子構造が乱れ、その活力を失い、死んでしまいます。

ですからダム建設や人工池の造作、川の護岸工事などは、生きた水から自由意思を奪い、ストレスを与えていることになります。その結果、水がよどみ、腐敗菌を発生させ、自然界のバランスを崩すことにつながり、めぐりめぐってわれわれに報いとなって返ってきます。

まずはわれわれ自身が、水が生命体であることを認識し、水はともに地球に暮らしている仲間だと考えるべきです。

その仲間に対してこれまで人間が加えてきた仕打ち――これはひどすぎます。

環境破壊などにみられる人間の高慢さもある限界点を過ぎると、水も黙ってはいないのではないでしょうか。水の自浄作用が働いて、洪水や台風、干ばつといった天災や、場合によっては陸をもすべて飲みこみ、一つの文明を海底に沈めることすら行なうかもしれません。

地球環境の歪みを修正できるほどの力を持ち、言葉は発せず姿も見せず、意思の存在すらわれわれに悟らせぬほどの高等な生命体。水をそう捉えても過言ではないといえるでしょう。

三つ目は、水は生命の誕生に大きく関与し、あらゆる生命を育み、すべてのものの媒体となっていることです。

水だけが固体、液体、気体と三様に変化し、地下、地上、空中へと動き、雨や雪などになって地上に降ってくる。水は広大な空間を移動することができる生命体なのです。

水は種子に息吹きを与え、やがて発芽させ双葉を育てます。そして吸い上げられた水は、柔らかな葉の一部となり、そびえる大木の命のパイプとなり肉となるのです。また大地の土と同化し、固い岩の結合に関与し、地球の大海、湖沼、河川を満たし、そこに生息する様々な生命を育むのです。

水にはあらゆるものを変化させる力、形成する力があり、そして生命を終焉させることにさえ、大きく関与しています。水と分離されては、植物から小動物、そして私たち人間まで、一瞬たりとも命を保つことはできません。

命を育てる水に知性が備わっていないはずがない、と私は強く感じるのです。

以上が、私が「水は高度な知的生命体である」と断ずる根拠です。ちなみに今年は、世界的に水が注目されそうです。水研究の先進国ロシアから届いた最新レポートには、「血液中の水が人間の意識に関係している」というくだりがありました。

水の持つ未知の能力はまだまだ解明の途上ですが、こうした研究成果が人類に大きな希望を与えることはまちがいありません。

万物を変化させる水のリズム

あたり前のようにみえる、水の持つ「動く」という性質は、実は驚くべき能力なのではないでしょうか。

その動きは「曲がる」という特質を持ち、自然界に様々な流線形の美を生み出します。さらにその曲線は、自然界のサイクルに合わせたリズム・パターンを持っています。このリズムが、生命維持において大切な役割を担っているのです。

血液やリンパ球内の水分もリズミカルな波を持ち、心臓からのパルスと共鳴しながら、リズミカルな流れに乗って全身をめぐっています。

このように血液があるリズムをもって体内を循環するからこそ、栄養と酸素が供給され、不必要な老廃物が排出され、また日々起こる微妙な変化に対してバランスを保っていられるのです。

海の波が変化するように、私たちの「気力」や「調子」という波も変化します。私たちが体調を崩すと風邪をひきますが、せきやくしゃみなどの症状は、実は体内の不必要な毒を排出するために起こるものです。これを自然界の現象にたとえると、海や川で起こる水のリズミカルな波や回転にあたります。これらは生命維持のために大変重要な機能です。

地球上のあらゆる物は常に変化することで、逆に安定を保とうとしています。生命も常に変化し、波を打つことにより、その生存と安定を保っているのです。

たとえば地球の断層のずれは、「地震」という波で吸収されます。近代の高層建築物はその地震波を、「揺れる」、すなわち波打つことで吸収し、倒壊からまぬがれています。

安定というのは、とどまらないあるリズムを伴った流動性のことをいうのではないでしょうか。

「螺旋運動」から生じる生命エネルギー

水の曲がりたいという運動性に勢いがつくと、うねりや螺旋運動につながります。

アマゾンやミシシッピーで川下りをしたことがあるのですが、護岸工事をされていない自然の川の水は、くねくねと曲がり、さらに一本の川の中でまた細かく水がうねり、美しく波形を描いています。流れの変化が大きい、ストレスのない川の水は健康でリズミカルです。

水のリズムが正常であれば、ミネラル粒子も水分子も小さくなり、ミネラルとミネラルの間にある汚れも小さくなって、水の中の不純物を食べるバクテリアもそれを食べやすくなります。

つまり川に曲線があるということは、水にリズムを与えて、バクテリアの分解作用を助けてくれるということ、つまり水の活性化を高めてくれるのです。自然の川は、汚れが増すと、自らの浄化作用が働き、うねりや回転を増やすことで自浄能力を高めているのです。

螺旋運動からは様々な生命や物質を生成する生命エネルギーが発生する、という説を唱える人もいます。

ルドルフ・シュタイナーの弟子であったテオドール・シュベンク（水の流体力学者。『カオスの自然学』など）は、水を自然の鋭敏な感覚器官と呼び、螺旋運動の中心がもっとも敏感に感覚をキャッチする部分だと言っています。いかにも、ゲーテを崇拝する学者らしい感覚と表現です。

螺旋を描くエネルギーは、空高くそびえる木々の末梢の枝まで樹液を上げ、葉から水滴を落とします。あの力は螺旋エネルギーのおかげです。海ではくるくる巻いた貝殻をつくり、大地では岩石に美しい模様をつくり出します。このエネルギーは私たちの体内でも、血管や神経やＤＮＡの螺旋構造に影響しています。

螺旋運動がつくりだす自然の渦はとても雄大です。

日本では、深層水をつくる四国の鳴門海峡が有名ですね。

あの渦はどのようなメカニズムで生まれるのでしょうか。

川や海などで螺旋を描く水の層が別の層と接触すると、互いを巻き込んで、連続するうねりをつくります。波が立つと、空気が水面と水面のあいだにはさみ込まれ、波が崩れると、水の中に空気が放出される——この連続運動が渦をつくりだすのです。

渦全体を真横から撮影してスローモーションで観察すると、渦はまるでくらげのようにうねり、呼吸するかのようにリズミカルに収縮運動をしながら、少しずつ移動するのがわかります。その動きは、ほとんど生き物のようです。この収縮運動をしながら、その外側から、もっとも活性化し、もっとも温度の低い中心に向かって情報やエネルギーを伝達するのです。

螺旋運動は、あらゆる生命の誕生、育成、維持に常にかかわり、電子が原子核を回る動き、風の動きや宇宙の星雲の動きにまでかかわっています。

水の螺旋運動を再現するフローフォーム

この螺旋運動の神秘を解明しようと多くの先人たちが様々な角度から研究し、いまもなおその研究は続けられています。

その成果の一つが、鼎談でお話しした「フローフォーム」という装置の開発です。

フローフォームのつくりだす「8の字運動」の中には、螺旋運動を含む自然界のエネルギーが再現されています。一見単純に見える水の流れに、自然界の叡智がたっぷり詰まっていることは先に述べたとおりです。

フローフォームにその螺旋運動を取り入れたのは、水自身が持つ浄化能力を高め、本来持つ役割を最大限に活かすことができるからです。そうして元気になった水を身近に感じることにより、われわれ人間を含むすべての生物に恩恵がもたらされるのです。

フローフォームが与える人間と環境への影響についてはこんなことが挙げられます。

1・人へ

①自律神経のバランスを整える

②精神安定、活性効果
③臓器活性作用
④熟睡効果
⑤チャクラ（体内と外界をつなぐエネルギー交換のスポット）の調整作用

2・空間へ

①電気を使わずに天然のマイナスイオンを発生させる
②カビ菌など悪性菌の抑制
③電磁波の吸収、良性な自然磁波の育成
④風水効果（水の流れをつくり、風の流れを発生させて空気を動かす）、気と場の浄化
⑤温度および湿度調整

私が最近設計製作したフローフォームは、埼玉県越谷市のショッピングセンターに設置されています。お近くの方は、ぜひご覧になってください。公園などにある、8の字のうねりのないふつうの噴水とは比べものにならない、癒しと元気の効果が得られると思います。

水はすぐれた音楽家である

空海は修行時代、四国の室戸岬に立って自然の渦やうねりを見ていたそうです。彼が会得したものは何だったのでしょうか。

空海は、心の感動は言葉だけでは表現できないとして、三つの表現方法を使ったとされています。一つは身体的表現としての建築物。一つは言語的表現としての書や詩や曼陀羅。一つは精神的表現としての「法要」などです。法要は、精神の昇華をもたらすものとされています。

これら三つの表現が重層的に表現されたとき、分別をはるかに超えて五感に響き、心の中にかぎりない感動を広げると空海は言っています。

感動は、すなわち芸術です。空海は感動の表現にこの三つの芸術があるとしたのです。

私は水にもこれと同じ表現方法があるのではないかと思い、そのことを考えてみました。

身体的表現としては、うねりや渦。言語的表現としては、地下水や川の音、そして雫の響き。精神的表現としては、水のリズムや、その流動性が生み出す周波数。これらが当てはまらないだろうかと。

湖面や海のそばに立って水の動きを見たり、その音を聞いているだけで、なんともいえない安らぎと感動を覚え、そしてエネルギーをもらったような気になります。そこにはバラエティに富んだリズムとハーモニーがあります。水は才能豊かな音楽家なのです。

シュタイナーによると、耳は身体のなかでもっとも古い器官であり、空気から音を引き出す反響器官と呼んでいます。

耳は、水の中で育った巻貝そっくりの形をしていて、水とは切っても切れない関係にあります。人は遠い昔、水の中で生息していたという説を唱える学者もいますが、そうした耳の構造と、どんなに体温が上がっても耳の内部温度は二十九度を超えることはないという事実は、どうやらそのことと関係がありそうです。また、人の耳が聞き取れる音は二十ヘルツから二万ヘルツだそうですが、耳は人間のほかの感覚器官よりはるかに優れているのです。

目を閉じ、筋肉を緊張させない楽な姿勢をとって耳を澄ませることに集中すると、いつもより多くの感受性が働き出すような気がします。

場所によってどんどん変わる小川のせせらぎ、湧き水の繊細で柔らかく命の響きのような音、糸のような雨が降る日の静かな雨音、水面に響く魚たちの跳ねる音、滝の下の大小の石に水が流れ落ちる音、砂浜に寄せては返す柔らかな波の音——それらすべてが、人の全身の水分に共鳴し、細胞のすみずみまで瞬時に響き渡るのです。

その音は耳で聴く前に、実は全身がそれを感受しているのです。それらの音の響きに包まれると、やがて自分が水と一体となり、宇宙に溶け込み、その一部となるような感動を覚えます。

水の汚染は地球のあらゆる生命を脅かす

そういうすばらしい存在である水にも、いまや様々な問題が降りかかっていることはどなたもご存じです。

地球の水の総量は、およそ一四億立方キロといわれていますが、生活水として使用可能な水量は、そのわずか〇・〇一パーセントにも満たないのです。

地球上では毎日約一四二〇立方キロの水が蒸発し、ほぼ同量の水が雨や雪となって地上に戻ってきます。問題なのは地球全体は海と大気でつながっているので、海洋の大循環や大気の移動によって、熱や種々の有機物や生物はもちろん、有害な化学物質まで運ばれることです。

あるところで起きた海洋汚染や大気汚染は、その場にとどまることなく地球全体に広がります。いまや北極海にまでＰＣＢや鉛、水銀、農薬、カドミウムなどが漂着し、百五十種以上もの有害化学物質が検出されています。

それらはそこに生息する生命を脅かすばかりでなく、地球に存在する生命のすべてに、遅かれ早かれ影響を及ぼしていくものです。

また高い水温の海水が過度の熱を運ぶため、表層部からは見えない二千メートル以下の深層部では、海洋循環に深刻な変化が現われています。どんな変化かというと、本来は、高緯度域で冷やされて密度が増し、重くなった海水が深く沈みこむことで通常の海洋サイクルが営まれているのですが、その海洋サイクルが崩れてきているのです。そしてこれまで南極や北極まで届いていた寒流が届かなくなり、その速度も遅くなっています。

大事なのは、当然海洋は大気と接触しますから、大気もその影響からまぬがれないことです。大気は、海に溶け込んだ様々な溶融物や、波によって生み出されたエネルギーなどと物質交換作用を絶え間なく繰り返し、その結果、大気中に異常なガス層がつくられます。それが、日々の地球の自然災害にも多大な影響を及ぼしているのです。

自然界で生かされている私たちにとって、海洋の大循環に乱れが起こるとき、私たちの体内水や血液、そして七五パーセントが水分である脳にも影響があるのではないかと、私は考えています。

私たちの骨細胞でさえもその約二二パーセントが水分ですから、大気からの有害化学物質が水によって体内に運ばれると、短い時間で骨に歪みが生じたり、損傷が起きるのです。このことは、あの水俣病が実証したことです。

生活用水の危機

汚染の問題は海洋水ばかりでなく、日々の生活用水にまで広がっています。

いまや都会では、水道の水がそのままでは飲みにくいというのはあたりまえになり、浄水器をつけていないレストランや家庭は珍しいほど。料理には浄水器の水を使い、飲み水はペットボトルのミネラルウォーターを飲み、料理用の水さえミネラルウォーターにしている家庭もなかにはあるでしょう。

ひと口に浄水器といっても、種々の鉱物やセラミック、珊瑚《さんご》などの素材を使って赤錆《あかさび》などの汚れを吸着させるもの、重金属やバクテリアを完全に除去するもの、あるいは必須ミネラルを新たに溶存させたものなど、その種類は多岐にわたります。

しかし、それだけでは、山の湧き水や渓流のような生命力あふれる水に戻すことはできません。一度汚染された水は、特殊な処理を与えないかぎり、いったん水に記憶された電気的な汚染を除去することは不可能だからです。

汚れの除去と同時に、生まれたばかりの水と同じような、活力にあふれた蘇生力や活性力を与えることが、これからの水の課題でしょう。

お風呂の水も問題ですね。

できれば風呂の水は、毎日替えたいと思います。人体から出る蛋白や脂の汚れはバクテリアの格好の餌《えさ》になりますし、風呂の湯温は、菌が繁殖するのに最適な温度なのです。

多くの温泉施設では、循環槽内の（風呂用）フィルターには目の粗いものが使用されていて、細菌まで取り除けないものがほとんどです。次亜塩素酸を多目に入れているところもありますが、入れた直後は濃くても、温度による蒸発でガス化し、殺菌能力はすぐに薄れてゆきます。

通常「塩素」と呼ばれているものは、次亜塩素酸ナトリウムのことです。この化学薬品が貯蔵中に分解されて「塩素酸」ができ、水道水にも含まれています。

この塩素酸が非常に有害なのです。血液の酸素を運ぶ働きを阻害したり、皮膚細胞を傷つけたり、目の角膜に損傷を与えたり、またガス化（塩素ガス）して肺の細胞を傷つけるなど臓器に障害を与えます。

害のあるものでも、口から入ったものは一度肝臓で解毒されるので、直接血管には入りませんが、お風呂やシャワー、ウォシュレットなどからは、毛細血管の多い部分ほど塩素酸が皮膚吸収されてしまいます。

とくにシャワーを浴びる場合は、塩素がガス化して塩素ガスになっていますので、換気を十分行なわなければなりません。

お風呂の水を毎日取り替えたいというのは、ほかにも理由があります。物理的な汚れもさることながら、その一日、訪れた場所や、会った人、すれ違った人、乗り物に乗り合わせた人などから受けた気の穢れを取り除くためにも、フレッシュなお湯を使ったほうがいいからです。

台所で使う水についても、浄水器がついていなければ注意が必要です。せっかくビタミンたっぷりの新鮮な、しかも無農薬の野菜を取り寄せても、塩素酸入りの水道水では、よく洗えば洗うほど、多くのビタミンやその他の栄養素がなくなってしまいます。とくに繊維質が多い野菜ほど塩素を吸収しやすいので気をつけなければなりません。

お皿も、浄水器を通した水で洗うほうが安全です。

近年、お酒もまったく飲まず、健康的な食生活を送り、とくに原因が見当たらない女性にも肝機能障害や腎不全が多いのですが、共通点は、炊事で一日中水を使っていることが多いことだそうです。

磁気の乱れと磁気共鳴水

人は子供のときは、細胞に多くの水を含み、水分子同士が構造化する能力も高いため、細胞はみずみずしく、高い水分保持力を持っています。細胞間の情報伝達も早く、新陳代謝機能も、記憶力も高い。それが、年齢を重ねるにしたがって、それらのすべての機能が低下し、酵素機能のコントロールや免疫能力も衰えます。

私がいま危機を感じているのは磁気の乱れです。いまの時代は、もともと自然界になかった電気機器や各種アンテナ、送電線などからのデジタルな電磁波によって、生命維持活動に大切な細胞内の磁気活動が大きく乱されています。つまり現代では人は年をとらずとも、細胞機能の衰えにさらされるようになったのです。

そもそも生命はその進化の過程で、宇宙からの強い放射線帯による破壊の脅威にさらされていたのですが、それを防御し、守り育んだのが、地球を覆う自然な波の微弱な「地磁気」だったのです。

ところが人工的なデジタル波（信号）は、自然界の優しい揺らぎを持つ磁気や、人間の体が発している微弱で繊細な磁気と似ているために、体内に入りやすく、生命維持活動に非常に多くの影響を与えることになったのです。

欧米諸国の臨床データによると、電磁波の中でもっとも危険な超低周波は、生命の原点であるＤＮＡや脳、とくに神経細胞に大きな影響を及ぼすことが明らかになっています。

人が病気になったり、精神状態が不安定なときには、細胞から発せられる磁気が乱れています。心身の健康をとりもどすには、その磁気の乱れを正す必要がありますが、たとえば理想的な信号を持つ磁気共鳴させた水を、体内に取り入れることにより、それを修復することができます。それは、磁気共鳴させた水の修復信号が身体のすみずみまで瞬時に伝達され、体内の酵素活動や化学反応がスムーズに行なわれるようになるからです。生まれたばかりの赤ちゃんの持つ体内水が、まさにこの磁気共鳴水なのです。

私がアメリカで取り組んだのは、この「磁気共鳴水」に関わる技術の開発でした。

簡単にいうと、文字どおり、磁気を使って不規則な分子構造を変化させ、分子間や原子間に規則的なパターン（理想はサッカーボールの形）をもたせる技術です。これによって、分子構造が本来持つ機能よりも、もっと高度な機能を持たせることができます。水にこの技術を用いると「磁気共鳴水」ができるわけです。

人の健康と水は密接に関わっています。そもそも私たちの身体は、電池も電源もないのに、超微弱な電気的作用で動いています。その電気作用を可能にしているのが、全身をうねりながら身体の末梢までめぐっている水なのです。

神経細胞も赤血球も白血球も、その構成成分の約九〇パーセントが水分ですから、水の役割はとても大きいのです。私たちは、身体のすみずみまで流れつづけ、自身を構成している体内水にもっと意識を傾け、体内水がよい状態でいられるように注意を払うことが大切です。

理想的な磁気共鳴水を自身の体の中でつくり出し維持するためにも、食生活や睡眠、運動、ストレス軽減なども大切ですが、同時に電磁波環境を整えることはとても重要です。

人類が先端技術という利便性を追求した結果である現在の環境は、かつて地磁気の反転から動植物が絶滅したようなダイナミックな異変には至っていないとしても、電磁波という未曾有の静かで見えざる波に、人間性や健康が蝕まれている状況といっても過言ではないでしょう。

事態は危機的なのです。

水の一滴は自然界の反映である

一滴の水は常に私たちを取り巻く自然界の反映ですから、その一滴に異常が生じれば、想像もできない速さで、いずれは地球全体の水に影響を及ぼしていきます。

水は半永久的に再生可能とされて、酷使され、ずいぶんムダに使われてきましたが、これだけ地球の水が汚されてくると、水のストレスもついには許容範囲を超え、水本来の活動ができなくなるのもそんなに先のことではないと思います。

まずは一人ひとりが、現在の地球の水環境を含む環境全体の悪化をより真剣に受け止めることです。そして、水を汚さない、ムダにしない、不自然な化学薬品入りの製品を使わないなど、日々の生活のなかでできることから始めることが問われます。

人類は産業と科学の発展にともない、地球上に本来存在しない危険な化学物質やガス類、分解しない物質などをつくり出しました。こうした物質が地球と身体の環境を蝕んでいることはよくご存じだと思います。

有害物質をつくったのは、動物でも自然界でもありません。人間です。一人ひとりの根底にある心のあり方、人間の利己主義にその原因があったようです。

人も自然界の一部、宇宙の一部であることを認識し直さなければなりません。不自然なものを食さずに、心身ともに健全であることを心がけ、そして私たちを生かしてくれている自然界のすべてに謙虚に感謝し、その自然のバランスを第一に考えて、自然から学ぶ尊さを大切にして行動していきたいと思います。

宇宙の持つ、もともとのバランス、それは水のバランスです。人間が急激かつ深刻に歪めてきたバランスを修復し、水のもともとのバランスに回帰すること——それが長いこと水を研究してきた私の結論です。

水を大切にすることは、命を大切にすることと同義なのです。

［第四章］◉

水のこころ

森 清範

一滴水

一滴水《いってきすい》

詳しくは「曹源《そうげん》の一滴水《いってきすい》」という。中国宋《そう》代に編纂《へんさん》され、禅宗最高の公案集《こうあんしゅう》である『碧巌録《へきがんろく》』にある。中国広東省 韶州《しょうしゅう》の曹渓山《そうけいざん》宝林寺に住された禅宗六祖の慧能《えのう》禅師（達磨《だるま》大師から数えて六代目の祖師）より、五家七宗といわれる禅宗七流祖が中国全土に広まり、大変に栄えた。慧能禅師の仏法は、即《すなわ》ち「曹渓山の一滴の源水に帰す」として、「曹源の一滴水」と尊称された。それはまさに、「一滴の法水が今日に至るまで流れ伝えられ、後世多くの人々の救いとなっている」ことを表わしている。

心気

山紫水明《さんしすいめい》

幕末の儒学者《じゅがくしゃ》頼山陽《らいさんよう》は、京都に住んだ折、自らの住まいを「山紫水明処」（現在の京都市上京区丸太町橋北の鴨川畔）と称した。

京都市街を取りまく山々は紫色に輝き、流れる鴨川の水はますます清く美しい。まさに四神の住みたもう都、京都の風情《ふぜい》をいう。

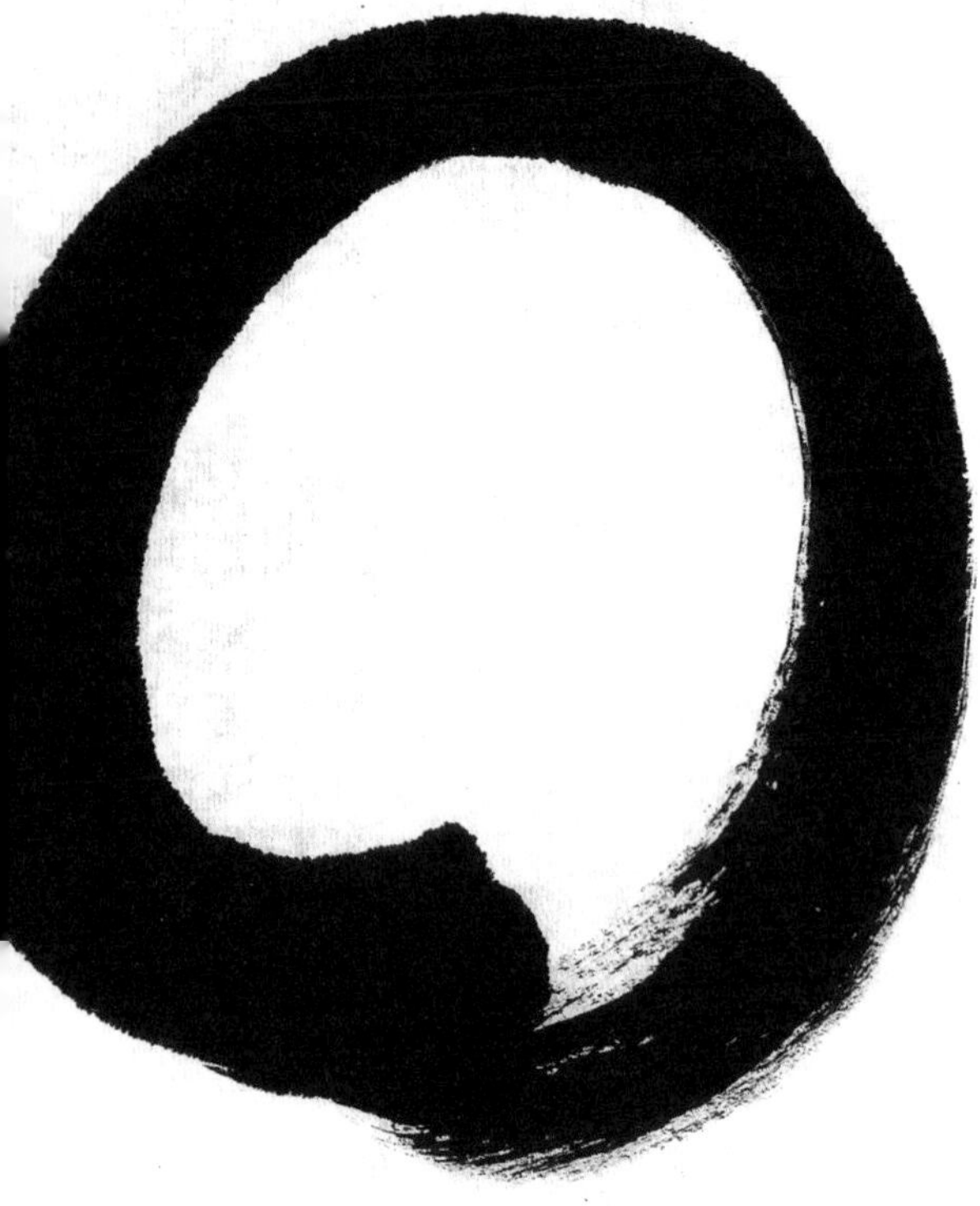

明鏡止水
めいきょうしすい

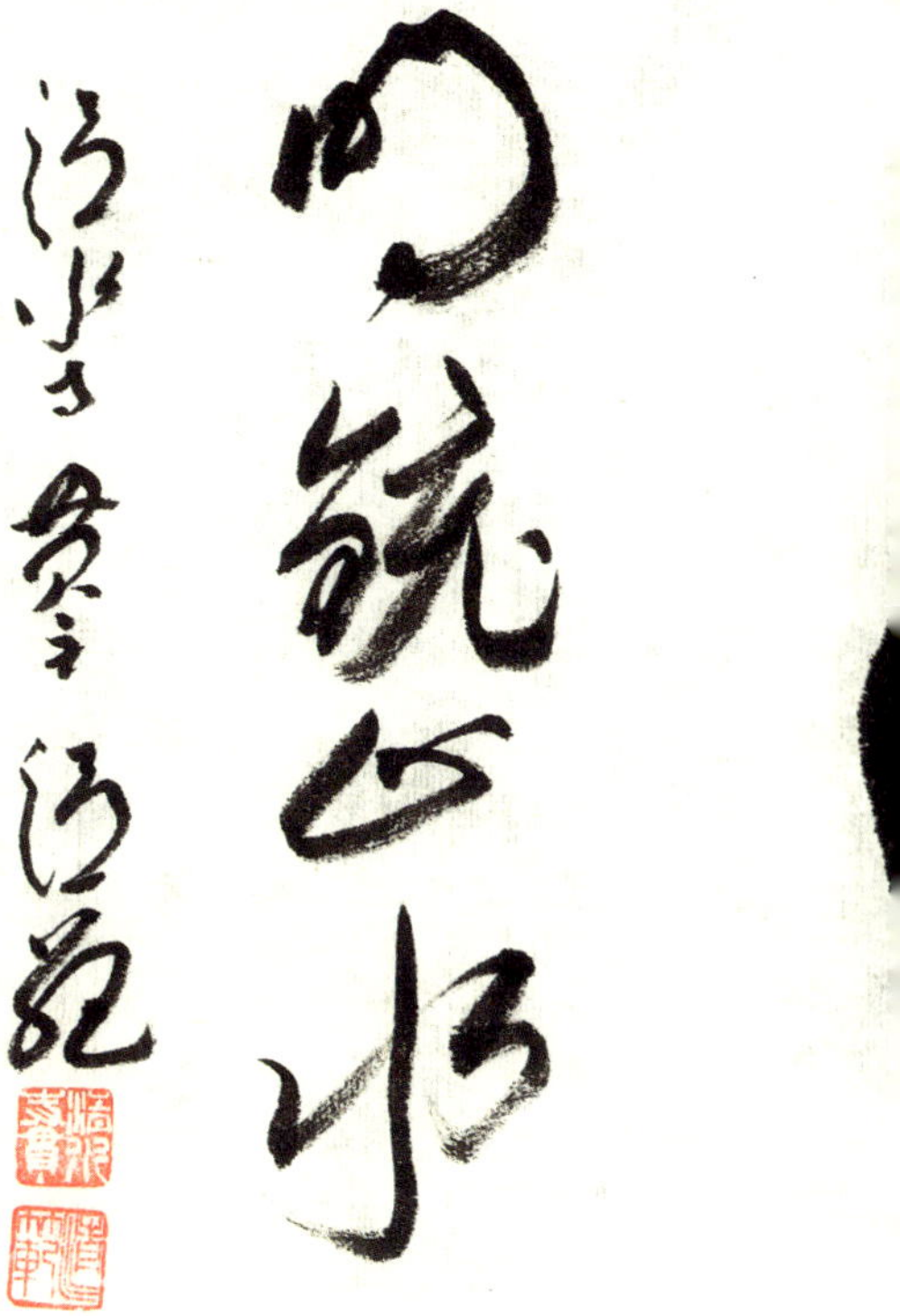

仏心は、一点の曇りのない、磨き上げられた鏡。まるで、静かな水面を見るようである。

われわれが、その仏心のようになれないのはほかでもない、思慮分別《しりょふんべつ》にかまけ、作意し、執着《しゅうちゃく》に明け暮れるからである。

夏目漱石は自らの座右銘を「則天去私《そくてんきょし》」、「無私なる天に則《のっと》り、私心なく造作なし」といっている。

この「明鏡止水」の境地を旨としたいものだ。

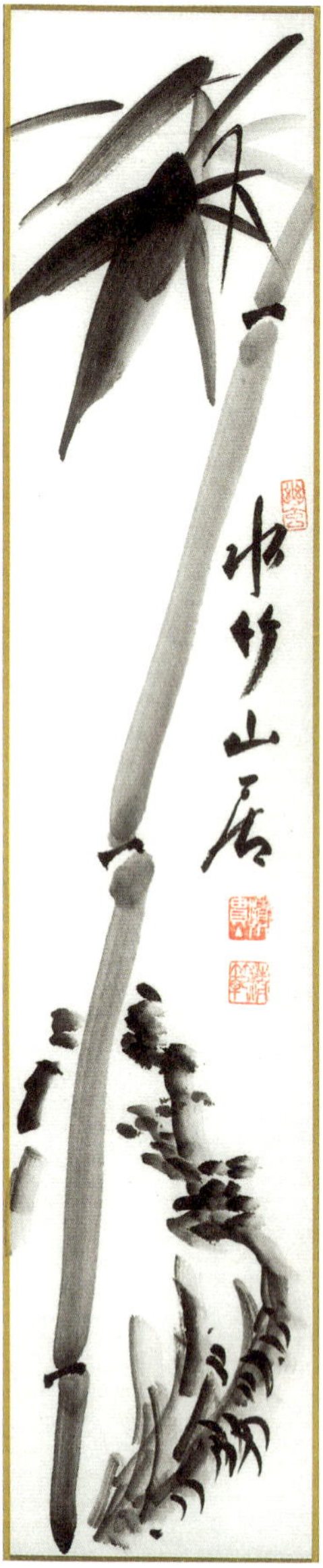
水竹山居

水竹山居《すいちくさんきょ》

短冊《たんざく》の、竹を描いた水墨《すいぼく》に賛《さん》した。文字どおり水と竹とが山中にあるのだが、清らかな水と、真っ直ぐに伸びる竹、いずれも清冽《せいれつ》さをくみ取っていただければ幸いである。

松風や　をあれ
たきの　泡水紙
　　ぬふこゝろは
　　すゝりつらん

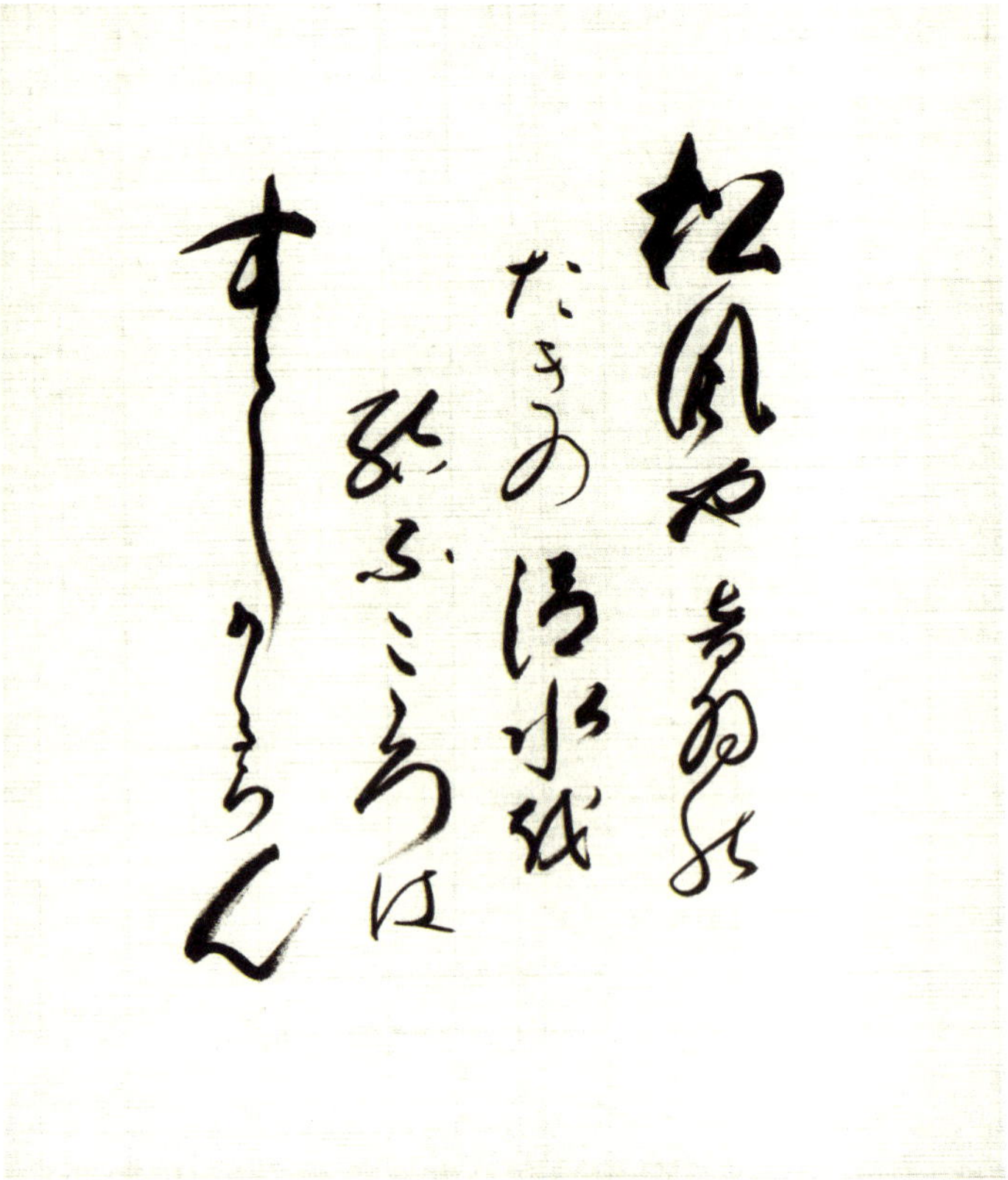

清水寺御詠歌

きよみずでらごえいか

松風や　音羽のたきの　清水を
結ぶこころは　すずしかるらん

音羽の滝は、清水寺開山延鎮上人が、滝行中の行叡居士と出会い、その庵《いおり》を譲られ、自らも滝行に勤め、寺を開くもととなったところ。その清らかな水は、寺名ともなった。

千二百年余の寺の歴史を通じて、御本尊十一面千手観音様と共に、清水寺にお参りする人々の心の拠《よ》り所なのである。

八功德水

沉水书 癸亥 沉沦

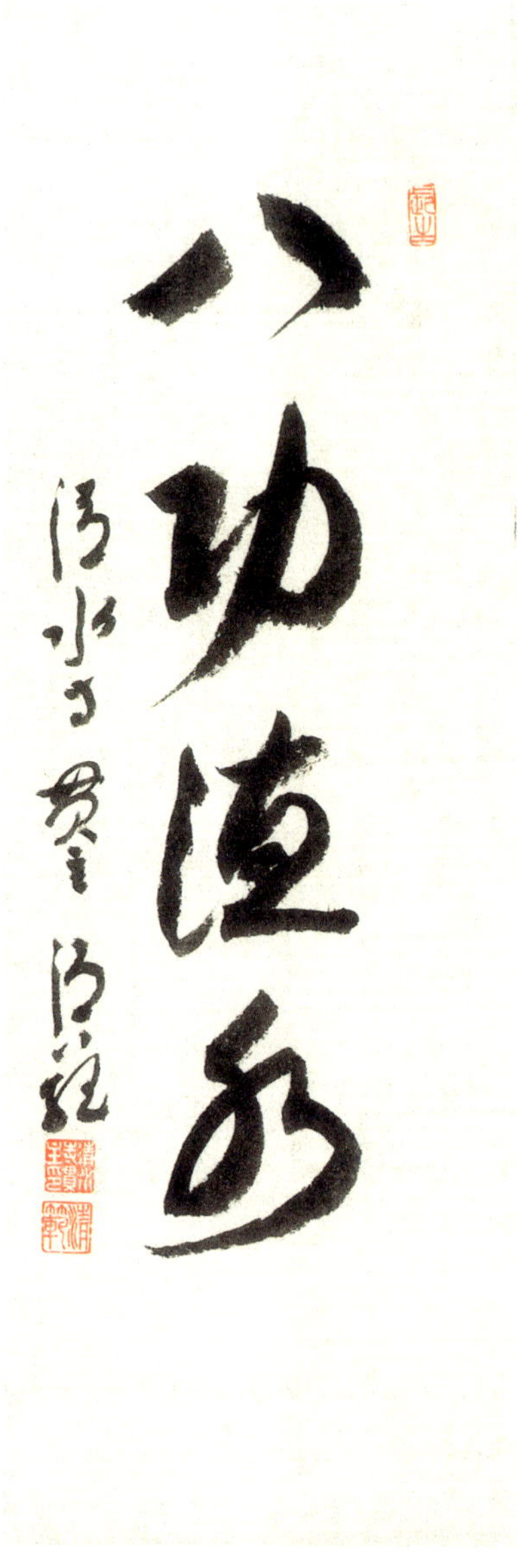

八功徳水《はっくどくすい》

仏法守護の最高神、帝釈天《たいしゃくてん》が頂上に住み、その中腹で四天王が東西南北を守るという須弥山《しゅみせん》（世界の中心にそびえ立つ高山）は、周りを清浄な海に囲まれていると、経典に説かれている。

功徳《くどく》の八種とは「甘・冷・輭・軽・清浄・無臭・飲時不損喉・飲已不傷腹」をいう。

即ち、私たちが生きていく上で、水は命であり、その命の水のありがたさ、功徳を説いている。

菊水延年

菊水延年《きくすいえんねん》

菊の絵に賛した。古代中国では、菊を長寿の花として珍重した。中国古代王朝である周の穆王《ぼくおう》の枕をまたいだ罪で、山奥へ追放された侍童《じどう》は王から拝領した経文を、菊の花びらに貯《た》まった露に映し、その水を飲み、不老不死となったと伝えられる。

能の『菊慈童』はそれである。

清水寺中興開山《ちゅうこうかいさん》、大西良慶和上《おおにしりょうけいおしょう》の歌にもある。

この花の　露をくみても　齢のぶ
薬とききし　黄菊白菊

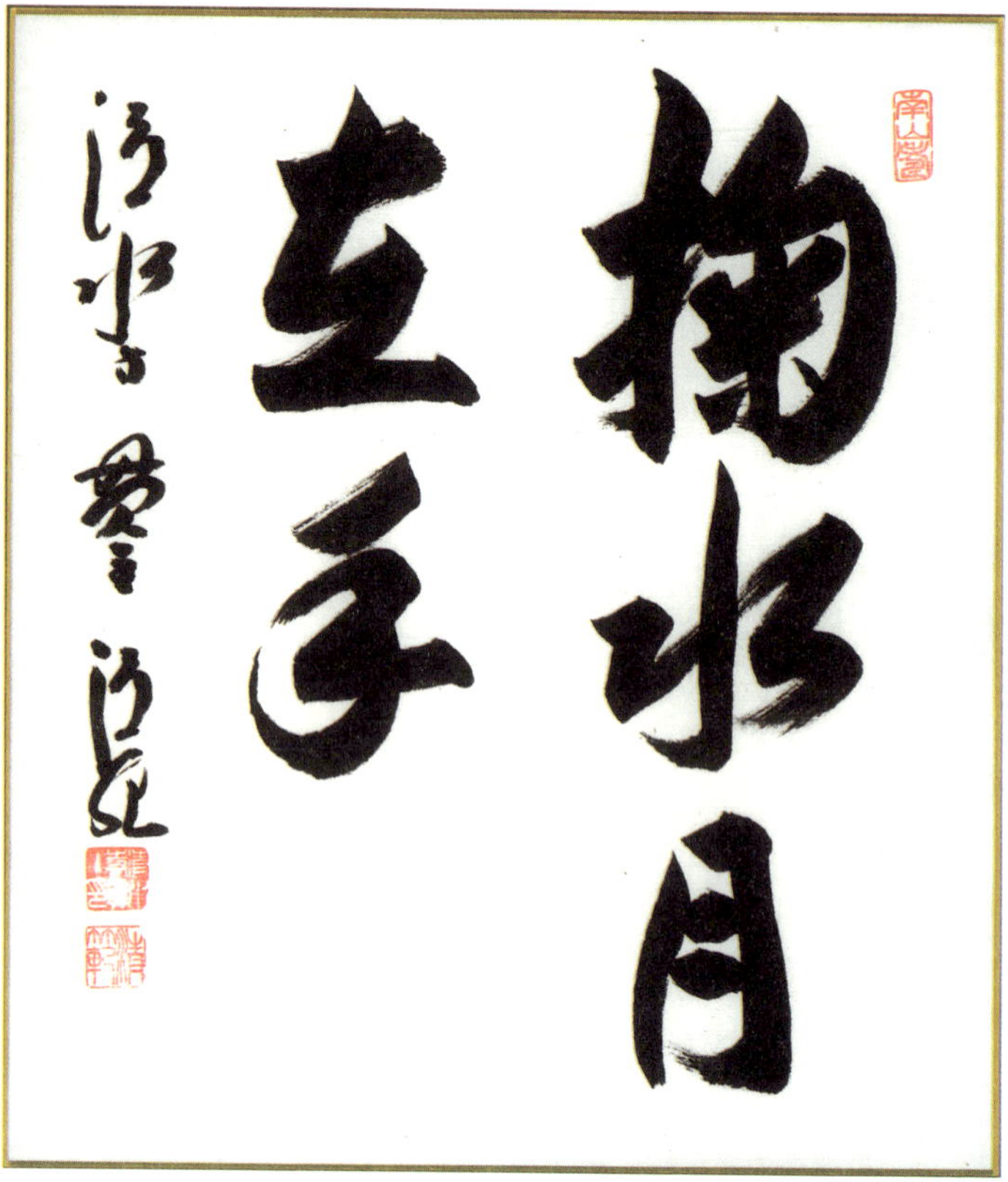
掬水月在手

掬水月在手

きくすいげつざいしゅ

「水を掬《きく》すれば月《つき》手に在《あ》り」という文。

十三世紀半ばの中国の禅僧、虚堂智愚《きどうちぐ》の『虚堂録』にある。

月が皓々《こうこう》と照るとき、両手で水を掬《すく》い汲むと、そこに美しい月が映る。月は大空にあるのではなく、私の手の中にある。

仏は遠い存在ではなく、私の心にある。ただし私に、仏を映す心の水鏡がなくてはならない。

浄土宗開祖の法然《ほうねん》上人の歌にも、こうある。

月影の　いたらぬ里は　なけれども
ながむる人の　心にぞすむ

〈おわりに〉

清い水へかぎりない尊崇をこめて

清水寺貫主　森　清範

「清水寺」と聞くと、私ども京都清水寺を思い起こされるかもしれません。それはとてもありがたいことなのですが、実は「清水寺」という名のお寺は、北海道から九州まで全国各地に八十余を数え、それぞれの地元において篤い信仰の霊場となっております。もっともその呼び名は「きよみずでら」だけではなく、「せいすいじ」と呼ばれているお寺もあります。

共通しているのは、いずれも当然のごとく水が縁起となっており、かならず観音様を祀っておられることです。仏教の世界観では万物に仏が宿るとされ、水は観音様の化身であるとされています。

平成四年から、私どもはこうした全国の清水寺に呼びかけて、「水は命の源である」というテーマのもとに、「全国清水寺ネットワーク会議」を立ち上げました。毎年、全国の清水寺の代表がつどい、水についてさまざま話し合います。また、清水（しみず）に因《ちな》んで毎年四（し）月三（み）

日を「水の日」と定め、水に感謝の誠を捧げ、法要を行なっています。

水はいま、とても危機的な状況にあります。

水が私たちにとって、いや地球にとって、もっといえば宇宙全体にとってかけがえのない大切なものであることは、申すまでもなく皆さん充分ご承知のことです。にもかかわらず現実の社会では、水の扱いがまだまだぞんざいに思えて仕方がありません。いったいこのままでは、水はどうなってしまうのか、という思いです。

今回、ご縁がありまして、水の研究者である工学博士の増川いづみさんと、流水紋制作をライフワークとされる重富豪さんとの鼎談が実現しました。それぞれ科学とアートの立場からのお話は、とてもおもしろいものでした。お話を終えていま感じるのは、非常に力強い味方を得たという安堵感と希望です。

お二人が、そうした私どもの持つ水への危機感や焦燥感を共有されているのは当然として、増川さんは科学者として、水への透徹したアプローチで問題解決の具体的な処方箋と技術を提唱され、また重富さんはアーティストとして、水の美しさ、水と遊ぶことの愉しさを存分に示してくださいました。

話のなかでも、水が「高度な知的生命体である」という増川先生の言葉には、いまさらながら震えるほどの興奮を覚えました。仏法で説く「観音様の化身が水である」ということの科学的な根拠を与えていただいたと感じたからです。

また本書中にも載せましたが、重富さんの制作なさった「水神様」の流水紋にはとても驚かされました。流水紋の表現には、自然がつくり出す意識的な造形美を感じます。水はたしかな意思を持って私たちにメッセージを発してきたのではないでしょうか。

千二百年の歴史を有する清水寺にお仕えする私どもは、水を敬い、お守りしていく使徒としての役割を担っております。この鼎談を通じて、命の源である水をお守りすることは、宗教者にとり重大な使命である――その思いを、さらに強くしたところです。

人は清らかな水にかこまれてこそ、安寧《あんねい》と幸せを享受できます。本書がそうした世界へ踏み出す水先案内となれば、これに勝る喜びはありません。

合掌

平成二十一年三月吉日

森　清範（もり・せいはん）
清水寺貫主。北法相宗管長。
昭和15(1940) 年、京都市東山区清水に生まれる。昭和30(1955) 年、清水寺貫主大西良慶和上のもとに得度・入寺。花園大学卒業。八幡市円福寺専門道場にて雲水修業。清水寺・真福寺住職。清水寺法務部長を経て、昭和63(1988) 年、現職につく。著書に『心を活かす』『心に花を咲かそう』（いずれも講談社）など。

増川いづみ（ますかわ・いづみ）
栄養学及び工学博士。
東京生まれ。ミシガン州立大学にて栄養学及び電子工学の博士号を、MITで量子力学の修士号を取得。水の分子構造学と磁気共鳴学を中心に、水の流体力学研究、さらに生体水と深い関わりのある超低周波などの微弱な磁気から高周波までの電磁気研究で、昨今の電磁波公害に対して警鐘を鳴らす。水があらゆることに繋がることに興味を持ち、生物分子、マリンバイオロジー、地質学、鉱物学、薬草学など分野を超えて多岐に学び、人と地球の健康と生命のバランスをテーマにしている。
㈱テクノエーオーアジア（http://www.tecnoao-asia.com/）代表取締役。フローフォーム国際委員会日本代表。NPO法人四條司家食文化協会理事。

重富　豪（しげとみ・ごう）
昭和16 (1941) 年、佐賀県に生まれる。ダイアモンドの輝きの判定器「ファイアースコープ」を発明し、デ・ビアス社よりデビュー。その後、ダイアモンドの光を極限まで全反射させる「エクセレントカット」を世界に先がけて完成し、「ダイアモンドの輝きを極めた男」と称される。他方、水の多様な姿を「流水紋」(be-stream.net) として写し取る独創的な制作に没頭。その作品はヨーロッパ各国でのシュタイナー展で高い評価を受け、京都・清水寺のご本尊御開帳記念行事（2000年）で展覧された。㈱「ボロン」代表取締役。

水《みず》は知《ち》的《てき》生《せい》命《めい》体《たい》である

初刷　２００９年３月18日
4刷　２０１７年６月５日

著者　森《もり》　清《せい》　範《はん》
　　　増《ます》　川《かわ》　いづみ
　　　重《しげ》　富《とみ》　豪《ごう》

発行人　山　平　松　生

発行所　株式会社　風雲舎
〒162―0805　東京都新宿区矢来町122　矢来第二ビル
電話　〇三―三二六九―一五一五（代）
ＦＡＸ　〇三―三二六九―一六〇六
振替　〇〇一六〇―一―七二七七六
URL　http://www.fuun-sha.co.jp/
E-mail　mail@fuun-sha.co.jp

印刷　真生印刷株式会社
製本　株式会社　難波製本

落丁・乱丁本はお取り替えいたします。（検印廃止）

ISBN978-4-938939-53-3